MÉMOIRE

SUR L'ÉTAT ACTUEL

DES USINES A FER

DE LA FRANCE,

CONSIDÉRÉES AU COMMENCEMENT DE L'ANNÉE 1826,

AVEC UN SUPPLÉMENT

RELATIF A LA FIN DE CETTE MÊME ANNÉE,

PRÉSENTANT

UN APERÇU DES MINES DE HOUILLE DE LA FRANCE
ET DES USINES A FER DE LA GRANDE-BRETAGNE ;

PAR A. M. HÉRON DE VILLEFOSSE,

CONSEILLER D'ÉTAT, INSPECTEUR DIVISIONNAIRE AU CORPS ROYAL DES MINES, MEMBRE DE L'ACADÉMIE ROYALE DES SCIENCES, ETC.

PARIS,

IMPRIMERIE DE Mme. HUZARD (NÉE VALLAT LA CHAPELLE),
Rue de l'Eperon Saint-André-des Arts, n°. 7.

1826.

(Extrait des *Annales des Mines*, tome XIII,
année 1826.)

USINES A FER

DE

LA FRANCE.

NOTE

ENVOYÉE PAR M. LE CONSEILLER D'ÉTAT, DIRECTEUR GÉNÉRAL DES PONTS ET CHAUSSÉES ET DES MINES, AVEC LE MÉMOIRE SUIVANT :

Le Conseiller d'État, Directeur général des Ponts et Chaussées et des Mines, ayant reconnu la nécessité de rassembler, sur les mines et minières de fer et sur les usines à fer du Royaume, des documens exacts et précis, les a demandés, en Janvier 1825, à MM. les Ingénieurs des Mines. Il a adressé aussi à MM. les Inspecteurs divisionnaires un grand nombre de questions sur l'étendue et sur les progrès de la fabrication du fer et de la fonte. Tous se sont occupés de ce travail avec un soin particulier.

*M. Héron de Villefosse a remis un Rapport complet sur l'*État actuel des Usines à fer de la France, considérées au commencement de l'année 1826. *La connaissance des renseignemens et des réflexions que renferme ce Rapport ne peut qu'être très-utile au public, et le Directeur général a décidé qu'il serait inséré dans les* Annales des Mines.

MÉMOIRE
SUR L'ÉTAT ACTUEL
DES USINES A FER
DE LA FRANCE,

CONSIDÉRÉES AU COMMENCEMENT DE L'ANNÉE 1826,

AVEC UN SUPPLÉMENT

RELATIF A LA FIN DE CETTE MÊME ANNÉE.

PAR A. M. HÉRON DE VILLEFOSSE,

Conseiller d'État, Inspecteur divisionnaire au Corps royal des Mines, Membre de l'Académie royale des Sciences, etc.

INTRODUCTION.

QUEL effet a produit la loi des Douanes, du 27 Juillet 1822, sur l'état des Usines à fer de la France, principalement en ce qui concerne l'amélioration des produits et la baisse des prix, que l'on désirait dans l'intérêt des consommateurs?

La préparation de la fonte douce a-t-elle, ou non, fait des progrès en France, et la fonte française reste-t-elle, ou non, inférieure en qualité à la fonte d'Angleterre?

Telles étaient, en substance, les deux questions que Monsieur le Directeur général des Ponts et Chaussées et des Mines m'avait adressées, par une lettre en date du 9 Mars 1825.

A cette époque, je me bornai à répondre, dès le 12 du même mois :

1°. *Sur la première question*, qu'il me paraissait constant que l'industrie des usines à fer avait fait, en France, d'heureux progrès, et que ces progrès étaient dus, en grande partie, à la protection qui leur avait été accordée par la loi des douanes de 1822; mais que, si le prix des fers de fabrication française n'éprouvait pas encore la baisse désirée, cela paraissait provenir de ce que le minerai de fer, le charbon de bois et la houille se maintenaient à des prix élevés, tant à cause de la cherté de la main-d'œuvre, que principalement à cause des distances à parcourir, et de la cherté des communications, ce qui devait faire désirer de plus en plus la prompte exécution des canaux projetés.

2°. *Quant à la seconde question*, je répondis que la France pouvait produire d'excellente fonte-douce qui ne le céderait en rien à la fonte d'Angleterre; mais que c'était seulement dans certaines localités, et que par-tout ailleurs la cherté du minerai, de la main-d'œuvre, de la fonte brute et du combustible s'opposait, quant à présent, à ce que les usines françaises fussent en état de rivaliser avec les usines d'Angleterre, relativement au prix de la fonte-douce de qualité supérieure.

Je terminais cette réponse provisoire en annonçant à Monsieur le Directeur général, que je ferais des recherches ultérieures, pour essayer de résoudre les deux graves questions qu'il m'avait adressées, et que j'aurais l'honneur de lui présenter le résultat de mes efforts.

Il fallait effectivement recueillir et comparer un

grand nombre de faits, pour être en état de chercher, avec quelque espérance de succès, la solution des deux questions posées. D'un autre côté, c'était précisément à cette époque, qu'il s'opérait, dans un grand nombre d'usines françaises, des changemens qui faisaient varier, pour ainsi dire de jour en jour, les données déjà recueillies. Il fut donc indispensable d'attendre que les forges françaises eussent pris une certaine assiette, avant de constater leur état; car il se présentait une première question dont la solution devait précéder celle des deux questions posées par Monsieur le Directeur général : cette question préalable était celle de savoir quelle était actuellement, en France, la production totale de la fonte et du fer, obtenus soit par le moyen du charbon de bois, soit par le moyen de la houille.

Monsieur le Directeur général m'ayant invité à examiner cette dernière question, par une lettre en date du 25 Décembre 1825, je crois pouvoir maintenant y répondre, à l'aide des renseignemens que j'avais recueillis pour la solution des deux premières. Ainsi, je commencerai par essayer de résoudre la question la plus récente; ce sera la solution de celle-ci, qui pourra me conduire utilement à l'examen des deux premières questions. Si l'on suivait une autre marche, on s'exposerait à tomber dans de graves erreurs; car, en ce qui concerne la production de la fonte et du fer par le moyen de la houille, il arrive souvent, au milieu de cette révolution qu'éprouvent aujourd'hui les forges françaises, que l'on admet, comme des produits effectifs et présens, ce qui n'est encore que des produits à espérer. Il en résulte des exagérations de chiffres et des résultats erronés, qui se trouvent démentis par des faits constatés. Commençons donc par établir avec certitude les faits qui doivent servir de base à nos calculs.

Première question : De la production totale de la fonte et du fer en France.

1re. question. Il importe d'abord de savoir quelle est la quantité totale de fonte de fer, que produit la France, pour une année, par exemple pour l'année 1824, que l'on pourra regarder comme équivalant à l'année 1825. Si l'on ajoute à ce total de fonte, obtenue des hauts-fourneaux de la France, une quantité connue de fonte brute qui a été importée en 1824, en déduisant la fonte brute qui a été exportée, et si l'on y ajoute encore, par un calcul suffisamment approximatif, une certaine quantité de vieille fonte française, comme ayant été employée dans les usines de la France en 1824, on connaîtra, pour cette même année, ou pour 1825, toute la quantité de fonte brute de fer, qui dans les usines du Royaume a pu servir à procurer, soit la fonte moulée, soit le fer affiné au charbon de bois, soit le fer affiné à la houille.

Entrons dans quelques explications à cet égard :

Nombre de hauts-fourneaux. Dans la 1re. Inspection des mines, 15 départemens présentent, en somme, 48 hauts-fourneaux en activité, dont le produit total en fonte de fer, tant brute que moulée, est de 161.450 quintaux métriques, par année.

Voici le résumé des faits que présentent les cinq Inspections :

Inspections.	Départemens.	Hts.-fourn^x.	Quint^x. mét. de fonte.
1re.	15	48	161.450
2e.	5	64	338.554
3e.	12	191	924.400
4e.	5	21	112.750
5e.	8	55	77.248
Total...	45	379	1.614.402

(*Voyez le Tableau ci-après*, n°. 1, page 8.)

Ainsi, dans quarante-cinq des quatre-vingt-six départemens de la France, il existe trois cent soixante-dix-neuf hauts-fourneaux en activité pour la production de la fonte de fer, et leur produit total, par année, est d'un million six cent quatorze mille quatre cent deux quintaux métriques de fonte de fer, tant brute que moulée, sans compter 8 autres hauts-fourneaux qui, dans le département de l'Isère, procurent presque uniquement de la fonte d'acier, et sans compter plusieurs départemens méridionaux dans lesquels il existe des forges catalanes que nous considérerons plus tard, et séparément. Produit en fonte.

Outre cela, dans les 45 dép^ts. sus-mentionnés, auxquels il faut joindre l'*Ardèche*, il existe 40 hauts-fourneaux hors d'activité; en y joignant la *Marne*, l'*Ain*, le *Tarn* et l'*Aveyron*, l'on compte, en France, 60 hauts-fourneaux, soit en construction, ou déjà construits, soit en projet, pour la production de la fonte de fer.

Les hauts-fourneaux hors d'activité sont :

Dans la 1re. Inspection, au nombre de	8
2e.	9
3e.	16
4e.	6
5e.	1
Total...	40

Les hauts-fourneaux en construction, ou en projet, seront indiqués plus tard, dans un État supplémentaire qui fera suite au Tableau général des hauts-fourneaux en activité; ce Tableau général présentera les principaux détails et le résumé des faits qui viennent d'être sommairement énoncés; mais avant de passer outre, il convient d'indiquer ici, d'où proviennent les renseignemens réunis dans notre Tableau général.

En ce qui concerne la première Inspection dont je suis actuellement chargé, les renseignemens sont puisés dans les États qui m'ont été adressés, en 1825, par MM. les Ingénieurs des mines de cette Inspection, et dans le Rapport que M. de Bonnard, Inspecteur divisionnaire, a présenté sur la tournée qu'il y a faite, en 1822.

Relativement à la seconde Inspection, j'ai pris pour guide les États qui ont été adressés à Monsieur le Directeur général, en 1825, par MM. les Ingénieurs des mines stationnés dans les départemens dont elle se compose, en y joignant les renseignemens qui m'ont été fournis par M. l'Inspecteur divisionnaire Baillet, chargé de cette Inspection.

Pour la troisième Inspection, que je visitai dans ma tournée de 1822, et dont je restai chargé jusqu'en 1824, j'ai suivi le Rapport que j'adressai à Monsieur le Directeur général, dans cette dernière année. Ainsi, les nombres énoncés dans le Tableau suivant sont d'accord avec les États dressés par MM. les Ingénieurs des mines de cette Inspection, États que j'ai remis à M. l'Inspecteur divisionnaire Brochant, qui en est aujourd'hui chargé. Je dois seulement faire observer que, d'après les améliorations récentes qu'ont reçues quelques hauts-fourneaux dans les départemens de la Moselle, de la Nièvre et du Cher, j'ai dû ajouter aux quantités énoncées dans mon Rapport de l'année 1824 les nombres suivans, savoir :

Dans le département de la Moselle, pour les quatre hauts-fourneaux de Hayange et de Moyeuvre, surcroît de produit........	15.000 qx. mét. de fonte.
Dans le département du Cher, pour trois hauts-fourneaux appartenant à la Compagnie de Fourchambault ————	12.000
Dans le département de la Nièvre, pour deux hauts-fourneaux appartenant à la même Compagnie ————	8.000
TOTAL.....	35.000 qx. mét.

C'est ainsi que la quantité totale de fonte de fer, qui est indiquée par mon Rapport de 1824, se trouve augmentée de 35.000 quintaux métriques, dans le Tableau suivant.

Relativement à la quatrième Inspection, j'ai pris pour guide les renseignemens qui m'ont été fournis par M. l'Inspecteur divisionnaire Beaunier, actuellement chargé de cette Inspection, et ceux que j'avais moi-même recueillis dans les départemens du Doubs et du Jura, lorsqu'ils étaient compris dans ma division.

Enfin, quant à la cinquième Inspection, les renseignemens m'ont été fournis par M. l'Ingénieur des mines Allou, qui a long-temps résidé dans plusieurs des départemens qu'elle comprend, et par M. l'Inspecteur divisionnaire Cordier, qui en est actuellement chargé.

D'après le soin avec lequel ont été recueillis et comparés les faits puisés dans les sources qui viennent d'être indiquées, j'ose regarder le Tableau suivant comme digne de confiance.

N°. 1. TABLEAU INDICATIF DE LA QUANTITÉ DE FONTE DE FER, tant brute qu

Inspections divisionnaires.	Départemens.	Hauts-Fourneaux en activité, soit au Charbon de bois, soit à la Houille.	Total de produit annuel en fonte de fer.	Hauts-fourneaux hors d'activité.	Départemens où il n'existe pas de Hauts-Fourneaux.	Observations.	Inspections divisionnaires.
			quint^x. mét.				
1re.	Eure-et-Loir....	1 au charbon de bois............	6.500	»	Seine, Seine-et-Oise, Seine-et-Marne, Loiret, Creuse, Vendée, Finistère.		
	Loir-et-Cher....	1 ..... idem......................	3.500	»			
	Indre-et-Loire...	1 ..... idem......................	3.000	»			
	Deux-Sèvres....	1 ..... idem......................	2.000	»			
	Vienne.........	3 ..... idem......................	4.000	»			
	Indre..........	12 ..... idem......................	40.500	2			4e.
	Haute-Vienne...	5 ..... idem......................	7.500	2			
	Corrèze.........	1 ..... idem......................	1.000	1			
	Maine-et-Loire..	1 ..... idem......................	5.000	»			
	Mayenne........	5 ..... idem......................	23.000	1			
	Sarthe..........	5 ..... idem......................	21.300	»			
	Loire-Inférieure.	3 ..... idem......................	15.100	1			
	Morbihan.......	1 ..... idem......................	3.500	»			
	Côtes-du-Nord..	3 ..... idem......................	12.750	»			
	Ille-et-Vilaine...	5 ..... idem......................	12.800	1			
	Totaux....	48	161.450	8			5^e
2e.	Orne...........	12 ..... idem......................	35.540	9	Manche, Calvados, Seine-Inférieure, Oise, Aisne, Somme, Pas-de-Calais, Marne.		
	Eure...........	8 ..... idem......................	51.400	»			
	Nord...........	2 ..... idem......................	8.714	»			
	Meuse..........	21 ..... idem......................	124.700	»			
	Ardennes.......	21 ..... idem......................	118.200	»			
	Totaux....	64	338.554	9			
3^e.	Moselle.........	14 ..... idem......................	108.000	»	Meurthe, Aube.		
	Bas-Rhin.......	4 ..... idem......................	15.800	»			
	Vosges..........	5 ..... idem......................	16.000	»			
	Haut-Rhin......	5 ..... idem......................	30.000	»			
	Haute-Saône....	30 ..... idem......................	180.000	5			
	Haute-Marne....	52 ..... idem......................	219.450	»			
	Yonne..........	2 ..... idem......................	8.000	»			
	Côte-d'Or.......	33 ..... idem......................	156.250	2			
	Nièvre..........	20 ..... idem......................	70.800	»			
	Cher...........	14 ..... idem......................	94.500	1			
	Allier..........	4 ..... idem......................	12.500	2			
	Saône-et-Loire..	7 ..... idem......................	10.100	6	....	Sur les 6 hauts-fourneaux hors d'activité dans le département de Saône-et-Loire, il y en a 4 au Creusot, pouvant aller à la houille. On se propose de les remettre en grande activité en 1826.	
		1 à la houille, au Creusot, allant faiblement en 1825..........	3.000				
	Totaux....	191	924.400	16			

…brute que moulée, qui a été produite dans les Usines à Fer de la France en 1825.

Inspections divisionnaires	Départemens.	Hauts-Fourneaux en activité, soit au Charbon de bois, soit à la Houille.	Total de produit annuel en fonte de fer.	Hauts-Fourneaux hors d'activité.	Départemens où il n'existe pas de Hauts-Fourneaux.	Observation.
			quint^s. mét.			
4e.	Loire	2 à la houille, au Janon... 20.000 ; à Chavanay, 15.000	35.000	»	Puy-de-Dôme, Cantal, Haute-Loire, Ain, Rhône, Hautes-Alpes, Basses-Alpes, Var, Bouches-du-Rhône, Vaucluse, Corse.	Dans le département de l'Isère, il existe de plus 6 h^ts.-fourneaux allant au charbon de bois, et procurant presque uniquement de la *fonte d'acier*. Leur produit total par année est de 13.500 quint. mét. de *fonte d'acier*, desquels, moyennant une importation de fonte de Savoie, il résulte 10.000 quint. mét. d'acier.
	Doubs..........	8 au charbon de bois............	29.250	4		
	Jura..........	10 ..... *idem*................	33.500	1		
	Drôme..........	» ..... *idem*................	»	1		
	Isère..........	1 à la houille, à Vienne. (*Voyez l'observation ci-contre.*)	15.000	»	....	
	Totaux.... 21		112.750	6		
5e.	Ardèche........	»	»	1	Gard, Lozère, Hérault, Aude, Pyrénées-Orientales, Ariège, Haute-Garonne, Tarn, Gers, Hautes-Pyrénées, Charente-Inférieure, Aveyron.	
	Tarn-et-Garonne.	1 au charbon de bois............	1.500	»		
	Basses-Pyrénées.	1 ..... *idem*................	275	»		
	Landes........	4 ..... *idem*................	19.333	»		
	Lot-et-Garonne..	4 ..... *idem*................	3.300	»		
	Gironde........	3 ..... *idem*................	16.650	»		
	Charente.......	6 ..... *idem*................	4.200	»		
	Dordogne.......	35 ..... *idem*................	30.0490	»		
	Lot...........	1 ..... *idem*................	1.500	»		
	Totaux.... 55		77.248	1		

RESUMÉ.

Il existe dans la	Inspection	hauts-fourneaux produisant	quintaux métriques de fonte de fer, par année.
	1re.	48	161.450
	2e.	64	338.554
	3e.	191	914.400
	4e.	21	112.750
	5e.	55	77.248
Totaux........		379	1.614.402.

Le nombre des feux d'affinerie, dans lesquels on emploie exclusivement le charbon de bois, est à-peu-près tel qu'il suit : Feux d'affinerie.

Dans la 1re. Inspection,	145
——— 2e. ———	190
——— 3e. ———	569
——— 4e. ———	60
——— 5e. ———	161

Ce qui fait, pour toute la France,.. 1125 feux d'affinerie, employant le charbon de bois.

Le Tableau qui précède fait voir qu'il y a en activité, dans toute la France, 375 hauts-fourneaux allant au charbon de bois, qui produisent en fonte de fer 1.561.402 qx. mét., et 4 hauts-fourneaux allant à la houille carbonisée, dite *Coke*, qui produisent 53.000 qx. mét.; en total, comme ci-dessus, 379 hauts-fourneaux produisant 1.614.402 qx. mét. (*Voyez* page 5.)

Remarquons, d'après les nombres sus-énoncés, que, pour tout l'ensemble de la France, le produit moyen d'un haut-fourneau allant au charbon de bois est de 4.163 quintaux métriques de fonte par année, et le produit moyen d'un haut-fourneau allant à la houille carbonisée est annuellement de 13.250 quintaux métriques. Ces produits moyens sont très-susceptibles d'une grande augmentation, ainsi que nous l'indiquerons plus tard ; déjà, ils s'accroissent de jour en jour dans plusieurs départemens.

La quantité totale de fonte de fer, que produit la France, ne suffit pas, à beaucoup près, aux besoins actuels des nombreux ateliers dans lesquels on emploie la fonte, soit pour exécuter des objets en fonte moulée, soit pour fabriquer du fer, tant au charbon de bois qu'à la houille. Cela provient de ce qu'à la faveur de la paix dont jouit le Royaume depuis dix ans, les besoins de la consommation en fonte et en fer ont éprouvé un accroissement très-considérable : d'un côté, l'agriculture est plus active ; de l'autre, l'industrie manufacturière multiplie ses établissemens, tandis que de nombreux édifices s'élèvent non-seulement à Paris, à Lyon et dans toutes les villes, mais encore dans les campagnes. Partout, le fer, soit à l'état de fonte, soit à l'état de métal pur, est plus abondamment employé, qu'il ne l'était il y a quelques années. Pour s'en convaincre, il suffit d'embrasser d'un coup-d'œil toutes ces constructions dans lesquelles la fonte et le fer sont journellement substitués au bois, tous ces ateliers d'éclairage par le gaz, d'où se répandent au loin des conduites souterraines en fonte de fer, les nouveaux moyens de roulage à larges bandes en fer, les bateaux construits entièrement avec ce métal, les chemins en fonte de fer, les grands établissemens où l'Administration de la Marine fait fabriquer des câbles et des caisses à eau, en fer, tandis que l'Administration de la Guerre fait confectionner des lits avec ce métal. De cette consommation toujours croissante, il est résulté que depuis six ans on a formé, en France, un grand nombre d'établissemens destinés à la fabrication du fer, ainsi que nous le verrons plus tard. De là, nouveau besoin de fonte de fer, et par conséquent prix élevé de cette matière. Afin de la répandre plus abondamment dans le commerce qui chaque jour la demande avec plus d'empressement, on a cherché, sur plusieurs points de la France, à augmenter et le produit et le nombre des hauts-fourneaux en activité. L'État supplémentaire qui va suivre fera connaître quelles sont aujourd'hui les entreprises de ce genre; on y distinguera les hauts-fourneaux en construction, ou déjà construits, et les hauts-fourneaux en projet.

N°. 2. ÉTAT SUPPLÉMENTAIRE, CONCERNANT LES HOU

en construction, ou en projet, pour la production de la fonte de fer, soit à la houille carbonisée, dite Coke,

Inspections divisionnaires.	Départements.	Lieu de l'établissement.	Noms des entrepreneurs, ou propriétaires	Hauts-Fourneaux — En construction, ou déjà construits.	Hauts-Fourneaux — En projet.	
1	Morbihan	Pont-Kallecq près Hennebon	M^rs. Malestroit de Bruc et Cie		1 au charbon de bois	
		Ibidem	Villemain, Henry et Cie	1 au charbon de bois		
	Marne	Lombroy, com^e. de Trois-Fontaines	Roussel	1 *idem*		
2	Ardennes	Guignicourt	Bertrand Geoffroy	1 *idem*		
		St.-Basle, com^e. de Vrignes-aux-Bois	Gendarme	1 *idem*		
	Haute-Saône	Breurey-lès-Sorans	De Talaru et de Sorans	1 *idem*		
		Gray	Martin de Gray		2 à la houille carbonisée	Loi… S…
		Noiron près Gray	Balahu de Noiron	1 *idem*		
		Pesmes	Veuve Dornier		1 au charbon de bois	
		Ibidem	Duchon		1 à la houille carbonisée	H^te… L…
		Saint-Loup-lès-Gray	De Klinglin	1 *idem*		
		Servance	Lapanouze et Pourtalès		2 *idem*	Ron…
3	Côte-d'Or	Argilly	Alfred d'Archiac		1 au charbon de bois	
		Brazey	Philippon		2 *idem*	
	Nièvre	Bourg-Neuf près la Charité	Ricqbour	1 *idem*		
	Cher	Torteron	Cie. Boigues	1 à la houille carbonisée		Sair…
		Ivoy le-Pré	Gallot		1 *idem*	
	Allier	Châtillon	Riant et Compagnie		3 à la houille carbonisée	Fins…
	Saône-et-Loire	Creusot, près Mont-Cenis	Manby et Wilson	4 *idem*		Cre…
		Saint-Julien-en-Jarret	Ardaillon, Bessy et Cie	2 *idem*	1 *idem*	Sain…
	Loire	Janon ou Terre-Noire, commune de S^t.-Jean-de-Bonne-Font	Cie. des Mines de fer de St.-Étienne	1 *idem*	1 *idem*	Sain…
		Chavanay	Cie. de l'Ain et de la Loire, ci-dev^t. Crozier-Lamerlée		2 *idem*	Gra…
		Givors	Cie. de l'Ain et de la Loire		2 *idem*	Rive…
		Rive-de-Gier	Cie. Fleur de Lys, Doncel-Neyrand et Fournas		3 *idem*	*Ider…*
4		Lorette près S^t.-Genis-Terre-Noire	Neyrand frères		2 *idem*	*Ider…*
		Côte-Thiollière près Terre-Noire	Cie. de la Loire et de l'Isère, ci-dev^t. Blumenstein et Frère-Jean		3 *idem*	Sain…
	Doubs	Torpes près Besançon	Charles Saint	1 au charbon de bois		
	Ain	Villebois	Cie. de l'Ain	2 à la houille carbonisée		Loir…
	Isère	Vizille	Blumentin et de Miremont	2 *idem*	2 *idem*	Antl… sé…
	Ardèche	La Voulte	Cie. de la Loire et de l'Isère	4 *idem*		Sain…
	Tarn	Saut-du-Sabot près Arthès	Garrigou et Compagnie		1 *idem*	Carr…
	Tarn-et-Garonne	Caussanus, commune de Bruniquel	Lapeyrière	2 au charbon de bois		
5	Basses-Pyrénées	Lieu dit fonderie de Baigorry	Ricqbour	1 *idem*		
	Lot-et-Garonne	Lieu dit Neuffons, c^e. de Castel-Jaloux	Barsalou et Compag^e.		1 au charbon de bois	
	Gironde	Illon, commune d'Uzeste	De Groc	1 *idem*		
	Dordogne	Beyssac près Sarlat	De Beaumont		1 *idem*	
	Aveyron	Aubin	Cie. des houillères et fonderies de l'Aveyron		2 à la houille carbonisée	Aub… (…

...ES NOUVELLES ENTREPRISES DE HAUTS-FOURNEAUX

...Coke, *soit au charbon de bois.* (*Voyez le Supplément à ce Mémoire, pour la fin de l'année* 1826, *p.* 103.)

	Lieux d'où l'on se propose de tirer les matières, savoir :			OBSERVATIONS. Les notes en *caractère italique* ont été ajoutées en Décembre 1826.
	La houille.	Le charbon de bois.	Les minerais de fer.	
...ois...	....	Forêts des environs.	Mines ou minières des environs....	1 haut-fourneau, autorisé en 1824, est déjà en activité (*voy. Tab.* N°. 1); la même Cie. de Pont-Kallecq se propose d'établir plusieurs autres hauts-fourneaux. (*Voy. ses Statuts approuvés, Bull. des Lois de* 1826.)
......	....	*Idem*....	*Idem*.	
......	....	*Idem*....	Minières des environs...........	Haut-fourneau autorisé en 1825. (*Voyez Bulletin des Lois.*)
......	....	*Idem*....	*Idem*........................	*Idem*.
......	....	*Idem*....	*Idem*........................	— autorisé en 1824.
......	....	*Idem*....	*Idem*........................	— nouvellement construit, et déjà en feu; autorisé en 1825.
...nisée.	Loire, et Ronchamp (Haute-Saône)................	....	Mines et minières de la Haute-Saône..	
......	....	*Idem*....	Minières des environs...........	— autorisé en 1824; va être mis en feu.
...ois...	....	*Idem*....	Minières de Pesmes et des environs...	Demande formée en 1825.
...nisée.	Hte.-Saône, Loire, et Saône-et-Loire....................	....	*Idem*........................	*Idem*.
......	....	*Idem*....	Minières des environs...........	*Haut-fourneau autorisé en* 1826.
......	Ronchamp................	....	Mines et minières du lieu.........	*Demande formée en* 1826.
...bois..	....	*Idem*....	Minières des environs...........	*Haut-fourneau autorisé en* 1826.
......	....	*Idem*....	*Idem*........................	*Idem*.
......	....	*Idem*....	Minières de la Nièvre...........	— achevé.
......	Saint-Étienne, ou Commentry.	....	Minières du Cher...............	— achevé; on attend l'autorisation pour le mettre en feu.
......	....	*Idem*..	*Idem*........................	— *autorisé en* 1826.
...nisée.	Fins (Allier.)..............	....	Houillères de Fins, et des environs..	*Demande formée en* 1826.
......	Creusot..................	....	Minières des environs, d'Autrey (Haute-Saône) et minerais étrangers.	La Compe. Manby et Wilson se propose de remettre en activité ces 4 hts.-fourns. qui existent au Creusot, depuis long-temps.
......	Saint-Étienne et Rive-de-Gier.	....	Minres. de la Hte.-Saône, et de Saône-et-Loire; mines de Villebois (Ain)..	*Hauts-fourneaux autorisés en* 1826.
......	Saint-Etienne.............	....	Houillères de la Loire, mines de l'Ain; mres. de la Loire, de la Haute-Saône et de Saône-et-Loire............	Cette Compagnie a été autorisée, en 1821, pour trois hauts-fourneaux dont un va déjà au Coke; un second est construit, et l'on se propose de le mettre bientôt en feu.
......	Grand'Croix près Rive-de-Gier.	....	Mines de l'Isère, de l'Ain; minres. de la Hte.-Saône et de Saône-et-Loire.	2 *hauts-fourneaux sont autorisés.* (*Bulletin des Lois de* 1826.) 1 *est en activité.* (*Voyez Tableau* N°. 1.)
......	Rive-de-Gier..............	....	*Idem*........................	*Société anonyme en demande d'autorisation.*
......	*Idem*....................	....	Houillères de la Loire; mines de l'Ain, et mres. de la Haute-Saône........	Hauts-fourneaux autorisés en 1821.
......	*Idem*....................	....	*Idem*........................	Il existe à Lorette une forge à l'anglaise, autorisée en 1823.
......	Saint-Étienne.............	....	*Idem*........................	Hauts-fourneaux autorisés en 1821.
......	....	*Idem*....	Minières des environs...........	Haut-fourneau autorisé en 1825, et presque achevé.
......	Loire et Haute-Saône.........	....	Mines de l'Ain et minières de la Haute-Saône.	Société anonyme en demande d'autorisation. Les mines de fer de Villebois (Ain) ont été divisées en 5 concessions, en 1826
......	Anthracite du lieu (houille sèche).....................	....	Mines de Vizille et de la Romanche (Isère).....................	Hauts-fourneaux autorisés en 1825.
......	Saint-Étienne et Rive-de-Gier.	....	Mines de la Voulte, minres. d'Autrey, et mines de Villebois.	Société anonyme; statuts approuvés en 1822.
......	Carmeaux près Alby, etc......	....	Mines et minières du Tarn..........	*Demande formée en* 1826.
......	....	*Idem*....	Minières des environs...........	Hauts-fourneaux autorisés en 1825.
......	....	*Idem*....	Mines des Pyrénées.............	*Idem*.
...ois..	....	*Idem*....	Minières des environs...........	— *autorisé en* 1826.
......	....	*Idem*....	*Idem*........................	— autorisé en 1825.
......	....	*Idem*....	*Idem*........................	— *autorisé en* 1826.
...nisée.	Aubin, Firmy, Cransac, etc. (Aveyron)..............	....	Mines de Pruines, Veuzac, Lugan. etc. (Aveyron)....................	*Cette Compie., d'après ses Statuts approuvés en* 1826, *se propose de construire d'abord* 2 *hauts-fourneaux et successivement* 6 *autres.*

Dans cet État supplémentaire, remarquons d'abord les hauts-fourneaux qui sont actuellement en construction, ou déjà construits; ils sont au nombre de 28, savoir :

Hauts-fourneaux devant aller à la houille carbonisée.. 15
———— devant aller au charbon de bois..... 13

On peut estimer que chacun des hauts-fourneaux devant aller à la houille carbonisée produira bientôt 13.250 quintaux métriques de fonte de fer par année, d'après le produit moyen, sus-énoncé, de ceux qui existent déjà. Il est donc permis de compter prochainement sur un surcroît de fonte de fer, dont le total sera de 198.750 quintaux mét. pour les hauts-fourneaux allant à la houille. On pourrait même admettre que chaque haut-fourneau allant à la houille produira, terme moyen, 24.000 quintaux métriques par année; mais bornons-nous à l'évaluation précédente.

Quant aux treize nouveaux hauts-fourneaux devant aller au charbon de bois, leur produit total, annuel, à raison de 4.163 quintaux métriques par haut-fourneau, pourra être au moins de 54.119 quintaux métriques.

Ainsi, l'on peut espérer que bientôt le produit en fonte de fer, des usines françaises, sera augmenté d'un total de 252.869 quintaux métriques.

Si les hauts-fourneaux en projet sont exécutés, on aura encore,

Par 25 hauts-fourneaux à la houille carbonisée, un surcroît de fonte, de . . . . . 331.250 q. mét.
Par 7 hauts-fourneaux au charb. de bois 29.141

TOTAL (*à reporter*). 360.391 q^{x}. mét.

Ce total (*voyez d'autre part*), ci.. 360.391 q^x. mét.
étant ajouté au précédent surcroît de fonte, qui est de. 252.869

formera un surcroît général de 613.260 q^x. mét.

D'autres causes encore promettent une augmentation prochaine de la quantité de fonte de fer sus-énoncée. Dans le département de la Haute-Saône, près Gray, MM. Fallatieu se proposent d'employer la houille carbonisée, dite *Coke*, dans les deux hauts-fourneaux de Beaujeu et de Montureux près Vreux. Dans le département du Cher, au fourneau de la Guerche, la Compagnie Boigues est parvenue à remplacer les $\frac{3}{7}$ du charbon de bois que consommait ce haut-fourneau, par une égale quantité de *Coke* provenant de la houille de Saint-Étienne, et cela sans altérer la qualité de la fonte. Cette même Compagnie, propriétaire des forges de Fourchambault, situées entre Pougues et Nevers, va étendre le même procédé à huit autres hauts-fourneaux qu'elle possède pour le service de ce grand établissement d'affinage du fer à la houille. Plusieurs propriétaires ou fermiers de hauts-fourneaux annoncent l'intention d'imiter ce procédé, sur divers points où la houille abonde ; par exemple, M. Tourangin, fermier des forges de Bigny-sur-Cher, dans le Berry, se propose d'employer le *Coke*, en multipliant les tuyères dans le haut-fourneau de cet établissement, quand le canal de Berry sera terminé. En Franche-Comté, plusieurs maîtres de forge, et notamment M. Isaac Blum, au fourneau de Baigne dans la Haute-Saône, s'occupent en ce moment de remplacer les anciennes machines soufflantes, par des machines à vapeur; ils ont le projet d'augmenter la hauteur et la capacité des hauts-fourneaux, ainsi que d'autres maîtres de forge l'ont déjà fait avec succès; cela doit encore accroître les produits en fonte de fer.

En général, dans les usines à fer de la France, on fait depuis quelques années un meilleur emploi du charbon de bois pour la production de la fonte et du fer; on augmente la hauteur des fourneaux; on dispose mieux les machines soufflantes; en un mot, l'industrie métallurgique a reçu des améliorations incontestables. Tout porte donc à espérer que bientôt, et sans compter encore les établissemens qui ne sont qu'en projet, nous verrons la quantité de fonte de fer, que la France produit annuellement, s'accroître d'environ 250.000 quintaux métriques.

De cette nouvelle quantité de fonte de fer, il pourra résulter, par l'affinage de la fonte, à la houille, environ 185.000 quintaux métriques de fer, à raison de 1.300 à 1.350 de fonte pour 1.000 de fer; mais bornons-nous à considérer ce qui résulte effectivement du produit annuel en fonte de fer, tel que nous l'avons établi ci-dessus, d'après des renseignemens authentiques.

On se rappelle que le total de la fonte brute, produite annuellement en France, est de 1.614.402 quintaux métriques.

A ce total, il faut ajouter la fonte brute qui a été importée en France, en déduisant la fonte brute qui a été exportée du Royaume. Sur ce point, nous consultons le *Tableau des Douanes de France*, imprimé pour 1824. On y voit que, pendant l'année 1824, il a été importé en France: Fonte importée, ou exportée.

En fonte brute, du prix moyen de 10 francs le quintal métrique. . . . . . 72.294 q^x.mét. 44 k.

En fonte épurée, du prix moyen de 20 fr. le q^al. mét. 1.509 95

TOTAL d'importation de fonte. . . . . 73.804 q^x.mét. 39 k.

Il a été exporté de France :

En fonte brute, du prix moyen de 20 fr. le quintal métrique. . . 4.095, 10
En fonte épurée, *idem*. 3, 34

TOTAL d'exportation de fonte. . 4.098, 44, ci. 4.098 q^x.mét. 44

La différence est de.. . . . . 69.706 »

Si l'on ajoute ce nombre au total de fonte française, ci-dessus énoncé, ci.. . . . 1.614.402 »

on trouve la somme de.. . 1.684.108 »

Il convient encore d'y ajouter une certaine quantité de vieille fonte, qui est employée, comme un capital circulant, soit dans les forges, soit dans les fonderies, quantité que l'ont peut évaluer à 50.000 »

TOTAL. . . . . 1.734.108 q^x. mét. »

Telle est la quantité de fonte, sur laquelle s'est exercée l'industrie française en 1824, ou en 1825, tant pour obtenir la fonte moulée, que pour fabriquer le fer forgé. Voyons maintenant quelle portion de ce total de fonte on peut considérer comme ayant été employée à l'état de fonte moulée.

Fonte employée en France.

D'après les États détaillés qui existent à la Direction générale des Mines, on peut admettre les faits suivans :

Produit en fonte moulée.

Dans la 1re. Inspection, sur le total de fonte, qui

	qx.mét.		qx.mét.	
est de	161.450,	on a fabriqué	16.470	de fonte moulée.
Dans la 2e. sur	338.554	—	70.938	
— 3e. —	924.400	—	56.077	
— 4e. —	112.750	—	14.148	
— 5e. —	77.248	—	15.465	
TOTAL, sur	1.614.402	—	173.098	

Ainsi, sur le total de fonte française, qui est de 1.614.402 qx. mét., on a fabriqué 173.098 qx. m. de fonte moulée, dans les établissemens même où sont placés les hauts-fourneaux qui ont produit le total de fonte brute; c'est environ la dixième partie de la fonte sortie des hauts-fourneaux.

Mais il existe, en France, un grand nombre de fonderies non pourvues de hauts-fourneaux; telles sont les fonderies royales de la Marine à Nevers, à Toulon, à Rochefort, à Brest, et à Indret dans la Loire-Inférieure; telles sont encore les fonderies, beaucoup plus nombreuses, qui appartiennent à des particuliers. Tous ces établissemens de fonderie tirent de la fonte des hauts-fourneaux sus-mentionnés de la France.

Fonderies pour la seconde fusion.

On peut les regarder, sous ce rapport, comme des annexes des hauts-fourneaux français qui leur procurent la matière première. Il convient donc d'ajouter à la quantité de fonte moulée, qui est obtenue auprès des hauts-fourneaux, celle qui est fabriquée avec leurs produits, mais en d'autres lieux, c'est-à-dire dans ces fonderies distinctes qui viennent d'être indiquées sommairement. A cet égard, les faits suivans peuvent servir de guide pour une évaluation approximative, de la quantité de fonte de fer qui est employée annuellement dans ces mêmes fonderies distinctes, qu'on peut aussi appeler ateliers de seconde fusion.

Voici d'abord où sont situées les principales fonderies distinctes, et quels sont les propriétaires de ces établissemens dont la plupart ont été formés depuis quelques années:

FONDERIES :	PROPRIÉTAIRES :
A Charenton près Paris,	MM. Manby et Wilson.
Dans Paris même, ——	Perier, à Chaillot.
——	Thiébaut, rue de Paradis, faub. St.-Denis.
——	De Larbre, rue des Bourguignons, f. b. St. Marceau.
——	Eaton et Farey, rue de l'Oursine.
——	Mercier, rue St.-Victor, n°. 44.
——	Aitken et Steel, à la Gare.
——	Collier, rue Richer.
——	Durup de Baleine, rue de Popincourt.
——	Ratcliff, rue St.-Ambroise,
——	Faucon et Béchu (*ibidem*).
——	Latron, rue des Morts, faubourg du Temple.
——	Mousset, rue de Lappe, faubourg St.-Antoine.
——	Boissany, rue de Charonne.
——	Dumas, *ibid.*
——	Fontaine, rue des Quatre-Fils.
A Essone, ——	Feray.
— Nantes. ——	3 fonderies : 1°. Mesnil ; 2°. Moulins ; 3°. Tessier.
— Rouen, ——	10 fonderies : 1°. Lamasure ; 2°. Baker, anglais, etc.
— Saint-Remi-sur-Avre, (Eure-et-Loir). ——	Waddington frères.
— Amiens (Somme). ——	Grandpré.
Ibidem. ——	Cavilier.
— Rouval près Doulens.	Scipion Mourgue.
— Saint-Quentin (Aisne).	Cazalis et Cordier.
— Douai, ——	Un Anglais.
— Arras, ——	Halett et Tournel.
— Lille, ——	7 fonderies : 1°. F. Chucq ; 2°. Williams-Taylor, etc.

FONDERIES :	PROPRIÉTAIRES :
A Cernay (Haut-Rhin). —	MM. Risler frères et Dixon.
— Fourchambault (Nièvre).	Martin et Compagnie.
— Saint-Étienne (Loire).	Sagnard, Meneu et Compe.
— Lyon, ————	Bourry et plusieurs autres.
— Vienne (Isère). ———	Frère-Jean.

Sans parler de quelques autres établissemens du même genre, on voit qu'il existe, en France, au moins cinquante fonderies distinctes, non pourvues de hauts-fourneaux et appartenant à des particuliers.

Parmi ces établissemens, celui de Charenton, l'un des plus considérables, emploie seul 15.000 quintaux métriques de fonte, annuellement; Chaillot n'en consomme pas moins; plusieurs autres approchent de cette quantité; la fonderie de Fourchambault et celle d'Arras en emploient, chacune, 5 à 6 mille quintaux métriques; d'autres, parmi les moindres, en consomment 1.000 quintaux métriques par année. Ainsi, l'on peut estimer que ces cinquante fonderies distinctes emploient annuellement 100.000 quintaux métriques de fonte de fer.

Quant aux fonderies distinctes qui appartiennent au Gouvernement, les principales sont situées à Nevers, à Toulon, à Rochefort et à Brest. Lorsque la fonderie royale de Nevers travaillait encore pour les particuliers, elle tirait annuellement du département du Cher 20.000 quintaux métriques de fonte brute; mais, depuis l'année 1822, cet établissement ne travaillant plus que pour le service de la Marine, sa consommation annuelle en fonte ne s'élève pas au-dessus de 3 à 4 mille quintaux métriques. On peut admettre qu'aujourd'hui, pour toutes les fonderies distinctes qui appartiennent au Gouvernement, cette consommation n'excède pas 10.000 quintaux métriques par année.

D'après les données qui précèdent, on est porté à penser qu'au total de fonte moulée qui provient directement des hauts-fourneaux, par le moyen des ateliers de moulerie établis dans leur voisinage, ci. . . . . 173.098 q^x. mét., il convient d'ajouter, pour les fonderies non pourvues de hauts-fourneaux, les quantités ci-après, savoir :

Pour les fonderies des particuliers. . . 100.000 q^x. mét.
Pour les fonderies royales.. . . 10.000 } 110.000

TOTAL. . . . 283.098 q^x. mét.

Tel est le nombre qui paraît représenter, avec une exactitude suffisante, la quantité de fonte moulée que l'on fabrique annuellement en France, soit auprès des hauts-fourneaux, soit dans les fonderies distinctes, c'est-à-dire non pourvues de hauts-fourneaux.

Soustrayons ce nombre, du total sus-énoncé de fonte brute, tant indigène qu'importée et vieille fonte, total qui est de. . . . 1.734.108 q^x. mét. ;
ci, à soustraire. 283.098

RESTE. . . . . 1.451.010 q^x. mét.

Ce reste est la quantité de fonte brute, que l'on emploie annuellement, en France, pour fabriquer du fer, soit au charbon de bois, soit à la houille. Si cette quantité de fonte était entièrement convertie en fer affiné au charbon de bois, il en pourrait résulter 967.340 quintaux métriques de fer ainsi fabriqué, d'après cette donnée générale, que pour obtenir 1.000 de fer forgé au charbon de bois, il faut employer 1.500 de fonte. Remarquons, à ce sujet, que souvent on n'emploie réellement que 1.400 de fonte pour 1.000 de fer au charbon de bois. Cependant, ce sera de la donnée générale (de 1.500 de fonte pour 1.000 de fer) que nous ferons usage dans les calculs suivans, parce que, d'une part cette donnée est adoptée dans les forges françaises, et d'autre part ces forges emploient, pour leur propre consommation, une certaine quantité de fonte, que l'on peut estimer comme portant le déchet de cette matière au taux général de 1.500 de fonte pour 1.000 de fer fabriqué.

Si nous connaissons exactement, soit la quantité de fer fabriqué à la houille, soit la quantité de fer fabriqué au charbon de bois, il nous sera facile de trouver, par le moyen de celle des deux quantités qui sera connue, celle qui ne le sera pas. Or, dans le Rapport que je fis, en 1819, au Jury central de l'Exposition des produits de l'industrie, j'estimai, d'après des recherches faites avec le plus grand soin, qu'à cette époque, la quantité de fer forgé en grosses barres, au moyen de la fonte et du charbon de bois, s'élevait à 640.000 quintaux métriques (1). (*Voyez Rapport*

(1) Dans ce nombre n'est pas compris le produit des forges catalanes, qui fut estimé, en 1819, à 150.000 quin-

sur les Produits métallurgiques de l'industrie française. Ann. des Mines, 1820.) Alors, il n'existait pas encore, dans le Royaume, de fabrication du fer forgé à la houille. D'un autre côté, l'on sait que, depuis cette époque, la quantité de fabrication du fer forgé au charbon de bois a diminué dans les usines qui l'ont remplacés, en tout ou en partie, par la fabrication du fer à la houille, et l'on peut estimer que cette diminution de produit en fer forgé au charbon de bois est d'environ 50.000 quintaux métriques par année, ainsi que nous le verrons plus tard. On est donc porté à présumer, d'après tout ce qui précède, que dans l'état actuel des choses la fabrication du fer à la houille doit approcher de 420.000 quintaux métriques par année (car, 640.000—50.000=590.000, et 967.340—590.000 =377.340 quintaux métriques de fer forgé au charbon de bois). (*Voyez page précédente.*)

Mais, on sait que, dans l'affinage du fer à la houille, le déchet de la fonte est moindre que dans l'affinage au charbon de bois : au lieu d'employer 1.500 de fonte pour obtenir 1.000 de fer, on n'emploie que 1.350, d'où il suit que les 377.340 quintaux métriques de fer forgé au charbon de bois, qui sont mentionnés ci-dessus, représentent réellement 419.266 quintaux métriques de fer forgé à la houille (d'après cette proportion, 1350 : 1500 :: 377.340 : 419.266).

---

taux métriques par année, mais qui, d'après des renseignemens ultérieurs, ne doit pas être porté au-delà de 93.470 quintaux métriques. Nous en faisons abstraction pour le moment, parce que nous y reviendrons plus tard.

Maintenant, sans prendre pour base de notre calcul le nombre 640.000 quintaux métriques, posé en l'année 1819, comme indiquant la quantité de fer fabriqué au charbon de bois, cherchons directement, d'après des renseignemens recueillis en 1825 et 1826, quel est aujourd'hui le total de fabrication du fer à la houille. Le Tableau ci-contre présentera, pour l'ensemble de la France, les détails qui se rapportent à chacun des établissemens de ce genre.

N°. 3. TABLEAU INDICATIF DES ÉTABLISSEMENS

dans lesquels on fabrique le fer forgé, par le moyen de la houill

Inspections divisionnaires.	DÉPARTEMENS.	NOMS ET SITUATION DES USINES.	NOMS DES PROPRIÉTAIRES.	Origine de l'Établissement.
			MM.	Établ^{ts}.
1re.	Seine	Bar^{re}. de la Cunette, aux Bons-Hommes, près Paris.	Proctor, anglais	Nouveau.
		Charenton, près Paris	Manby et Wilson	idem.
	Indre-et-Loire	Château-La-Vallière, près Tours	Thomas, Hollond et Stanhope	Ancien.
	Loire-Inférieure.	La Basse-Indre, près Nantes	Thomas, Hughes et Compagnie	Nouveau.
	Morbihan	Lieu dit Lajoie, com^{e}. d'Hennebon près Lorient	Hébert, Besné et Compagnie (Guérin, Directeur)	idem.
	Ille-et-Vilaine	Paimpont	De Breuilpont, de Cheffontaines et Compagnie	Ancien.
2e.	Oise	Montataire, près Creil	Mertian frères	Nouveau.
	Nord	Raismes, près Valenciennes	Renaux, Piolet, Dumont et Leclercq-Sezille	idem.
	Meuse	Abainville	Muel-Doublat	Ancien.
	Ardennes	Daigny	Lamothe-Gonthier	idem.
		Brevilly, près Sedan	Devillez-Bodson	idem.
		Vrignes-aux-Bois, près Mézières	Gendarme	idem.
		Boutancourt	idem	idem.
		Monthermé	idem	Nouveau.
		Bairon	Bertraud	Ancien.
		Guignicourt	idem	idem.
3e.	Moselle	Hayange, près Thionville	De Wendel	idem.
		Moyeuvre	idem	idem.
	Haut-Rhin	Oberbrück	Le Voyer d'Argenson	idem.
	Haute-Saône	Port-sur-Saône	Galaire	idem.
		Magny-Vernois	Pourtalès (Samuel Blum, fermier)	idem.
		Maizière, entre Vesoul et Besançon	Galaire et Patret	idem.
		Magnoncourt, près Saint-Loup	De Buyer	Nouveau
		Pont-sur-l'Oignon	Samuel Blum	Ancien.
	Côte-d'Or	Châtillon-sur-Seine	Maréchal Duc de Raguse	idem.
	Nièvre	Imphy, près Nevers	Débladis, Auriacombe, Guérin jeune et Bronzac	idem.
		Forge-Neuve, près Decize	De Rigny	idem.
		Fourchambault, près Pougues	Boigues et Compagnie	Nouveau
	Cher	Bigny-sur-Cher	Mme. d'Osmond (MM. Tourangin et Bonichon, fermiers)	Ancien.
	Saône-et-Loire	Geugnon	Perrault	idem.
		Perrecy-les-Forges	Auloy	idem.
		Ibidem	Lagrion	Nouveau
4e.	Loire	Janon, ou Terre-Noire, près Saint-Étienne	Compagnie des forges de Loire et Isère (ci-devant Frère-Jean).	idem.
		Saint-Chamond, près Saint-Étienne	Morel	idem.
		Saint-Julien, près Saint-Chamond	Ardaillon et Bessy	idem.
		Gier	Hims, Higs et Compagnie	idem.
		Lorette, près Saint-Genis-Terre-Noire	Neyrand frères	idem.
	Doubs	Montcey	Maréchal Duc de Conégliano (Guénard, fermier)	Ancien.
		Moncley	De Terrier Santans (Martin, fermier)	idem.
		Audincourt et Bourguignon, près Montbelliard	Saglio, Human et Compagnie	idem.
	Tarn	Saut-du-Sabot près Arthès	Garrigou et Compagnie	Nouveau
5e.	Tarn-et-Garonne.	Bruniquel, près Montauban	Lapeyrière et Compagnie (Pernolet, directeur)	Ancien.
	Gironde	Illon, commune d'Uzeste	De Groc	Nouveau
	Dordogne	Ans	Festugère	Ancien.
	Aveyron	Aubin	Compagnie de Cazes	Nouveau

…ES ÉTABLISSEMENS DITS *FORGES A L'ANGLAISE*,

… le moyen de la houille et du laminoir, au commencement de l'année 1826.

…PRIÉTAIRES.	ORIGINE de l'Établissement.	Date de la FONDATION des *nouveaux*, et de la CONVERSION des *anciens* Établissemens.	FABRICATION ANNUELLE au charbon de bois, avant la conversion.	FABRICATION ANNUELLE à la houille, en 1825.	OBSERVATIONS SPÉCIALES. Les Notes en *caractère italique* ont été ajoutées depuis la rédaction de ce Mémoire. (Voyez, pour les autorisations d'usines à fer, les Ordonnances du Roi, insérées dans le *Bulletin des Lois* et dans les *Annales des Mines.*)
	Étab[ts].	Années.	quint. mét.	quint. mét.	
…………………………	Nouveau.	1821 à 1824	»	»	*Cet établissement n'existe plus, en Août 1826.*
…………………………	*idem.*	1821	»	43.000	14 fours d'affinage en activité.
…………………………	Ancien.	1822	»	»	*Ces entrepreneurs ont présenté une demande pour établir une forge à l'anglaise, auprès du Lude (Sarthe).*
…ie.…………………	Nouveau.	1822	»	5.000	8 fours d'affinage et 6 laminoirs autorisés en 1824.
…uérin, Directeur)………	*idem.*	1824	»	»	*Établissement autorisé et mis en activité, en 1826.*
…s et Compagnie…………	Ancien.	1819	3.000	5.000	4 fours d'affinage et laminoirs. Demande formée en 1819.
…………………………	Nouveau.	1823	»	6.000	2 *idem.*
…eclercq-Sezille…………	*idem.*	1822 à 1824	»	20.000	3 *idem* et laminoirs, autorisés en 1824.
…………………………	Ancien.	1823	4.000	22.000	6 *idem, autorisés en 1826.*
…………………………	*idem.*	1824	1.000	2.000	2 *idem* et laminoirs.
…………………………	*idem.*	1822 et 1825	1.000	6.000	2 *idem.*
…………………………	*idem.*	1821	3.000	5.000	2 *idem* : Usine autorisée en 1824.
…………………………	*idem.*	1821	3.000	4.000	2 *idem.*
…………………………	Nouveau.	1825	»	4.000	2 *idem.*
…………………………	Ancien.	1822	2.000	3.000	3 *idem* et laminoirs.
…………………………	*idem.*	1825	2.000	8.000	3 *idem.*
…………………………	*idem.*	1818	4.000	25.000	7 *idem.*
…………………………	*idem.*	1822	4.000	25.000	6 *idem.*
…………………………	*idem.*	1822	»	»	» ….. Point d'affinage à la houille. On a fait des essais; on y a renoncé, quant à présent. Laminoirs à la houille.
…………………………	*idem.*	1825	»	3.000	2 *idem* et 1 laminoir, autorisés en 1823.
…ier)………………………	*idem.*	1822	2.000	3.000	2 *idem.* On affine à la houille, par essai, au fourneau de réverbère.
…………………………	*idem.*	1821	»	»	» …..Point d'affinage à la houille; laminoirs à tôle, allant à la houille.
…………………………	Nouveau.	1823	»	»	» …… *idem.*
…………………………	Ancien.	1823	»	»	8 *idem*, autorisés en 1825.
…………………………	*idem.*	1823	5.000	25.000	7 *idem.*
… jeune et Bronzac………	*idem.*	1824	3.000	20.000	6 *idem.*
…………………………	*idem.*	1822	1.000	6.000	2 *idem.*
…………………………	Nouveau.	1821	»	48.000	14 *idem.*
…a et Bonichon, fermiers)…	Ancien.	1821	3.000	20.000	6 *idem.*
…………………………	*idem.*	1825	2.000	4.000	3 *idem.*
…………………………	*idem.*	1825	3.000	6.000	6 *idem* et laminoirs. Demande formée en 1824.
…………………………	Nouveau.	1825	»	»	2 *idem.* Demande formée en 1825.
…Isère (ci-devant Frère-Jean).	*idem.*	1823	»	30.000	8 *idem.*
…………………………	*idem.*	1823	»	10.000	2 *idem.*
…………………………	*idem.*	1822	»	37.000	15 *idem et laminoirs, autorisés en 1826.*
…………………………	*idem.*	1825	»	5.000	2 *idem.*
…………………………	*idem.*	1823	»	30.000	8 *idem.*
…énard, fermier)………	Ancien.	1824	3.000	6.000	2 *idem*, autorisés en 18[illegible].
…rmier)………………………	*idem.*	1823	»	6.000	2 *idem* et 1 laminoir, autorisés en 1822.
…………………………	*idem.*	1824	»	»	…. Point d'affinage à la houille; laminoirs à tôle et fer-blanc, allant à la houille.
…………………………	Nouveau.	1825	»	»	2 *idem. Demande formée en 1826.*
…olet, directeur)………	Ancien..	1822	»	»	3 feux d'affinerie et 2 laminoirs, autorisés en 1825.
…………………………	Nouveau.	1825	»	»	2 *idem*, autorisés en 1815.
…………………………	Ancien..	1825	»	»	2 *Statuts de Société approuvés en 1826.*
…………………………	Nouveau.	1825	»	»	»
		TOTAL…	49.000	442.000	172

SEMENS DITS *FORGES A L'ANGLAISE*,

la houille et du laminoir, au commencement de l'année 1826.

	ORIGINE de l'Établissement.	Date de la FONDATION des *nouveaux*, et de la CONVERSION des *anciens* Établissemens.	FABRICATION ANNUELLE en charbon de bois, avant la conversion.	à la houille, en 1825.	OBSERVATIONS SPÉCIALES. Les Notes en *caractère italique* ont été ajoutées depuis la rédaction de ce Mémoire. (Voyez, pour les autorisations d'usines à fer, les Ordonnances du Roi, insérées dans le *Bulletin des Lois* et dans les *Annales des Mines*.)	OBSERVATIONS GÉNÉRALES.
	Étab^ts.	Années.	quint. mét.	quint. mét.		
.....	Nouveau.	1821 à 1824	»	»	*Cet établissement n'existe plus, en Août 1826.*	Un four d'affinage à l'anglaise, par le moyen de la houille (dit *pudling furnace*), produit communément par semaine 80 q^x. métriques de fer. La production peut s'élever à 100 quintaux métriques. Quant aux consommations en houille et en fonte de fer, voyez le présent Mémoire, pages 37 et 62. On remarquera que quelques-uns des établissemens ci-contre ne sont pas des *forges à l'anglaise* proprement dites, puisqu'on n'y exécute pas l'affinage du fer à la houille. Cependant, il a paru à propos de les indiquer sur ce Tableau, parce que plusieurs de ces usines à fer, qui sont au nombre de 5, peuvent devenir des forges proprement dites.
.....	*idem.*	1821	»	48.000	14 fours d'affinage en activité.	
.....	Ancien.	1822	»	»	*Ces entrepreneurs ont présenté une demande pour établir une forge à l'anglaise, auprès du Lude (Sarthe).*	
.....	Nouveau.	1822	»	5.000	8 fours d'affinage et 6 laminoirs autorisés en 1824.	
.....	*idem.*	1824	»	»	*Établissement autorisé et mis en activité, en 1826.*	
.....	Ancien.	1819	3.000	5.000	4 fours d'affinage et laminoirs. Demande formée en 1819.	
.....	Nouveau.	1823	»	6.000	2 *idem.*	
.....	*idem.*	1822 à 1824	»	20.000	3 *idem* et laminoirs, autorisés en 1824.	
.....	Ancien.	1823	4.000	22.000	6 *idem, autorisés en 1826.*	
.....	*idem.*	1824	1.000	2.000	2 *idem* et laminoirs.	
.....	*idem.*	1822 et 1825	1.000	6.000	2 *idem.*	
....	*idem.*	1821	3.000	5.000	2 *idem* : Usine autorisée en 1824.	
.....	*idem.*	1821	3.000	4.000	2 *idem.*	
.....	Nouveau.	1825	»	4.000	2 *idem.*	
.....	Ancien.	1822	2.000	3.000	3 *idem* et laminoirs.	
.....	*idem.*	1825	2.000	8.000	3 *idem.*	
.....	*idem.*	1818	4.000	25.000	7 *idem.*	
.....	*idem.*	1822	4.000	25.000	6 *idem.*	
.....	*idem.*	1822	»	»	» ..... Point d'affinage à la houille. On a fait des essais; on y a renoncé, quant à présent. Laminoirs à la houille.	
.....	*idem.*	1825	»	3.000	2 *idem* et 1 laminoir, autorisés en 1823.	
.....	*idem.*	1822	2.000	3.000	2 *idem*. On affine à la houille, par essai, au fourneau de réverbère.	
.....	*idem.*	1821	»	»	» .....Point d'affinage à la houille; laminoirs à tôle, allant à la houille.	
.....	Nouveau.	1823	»	»	» ...... *idem.*	
.....	Ancien.	1823	»	»	8 *idem*, autorisés en 1825.	
.....	*idem.*	1823	5.000	25.000	7 *idem.*	
.....	*idem.*	1824	3.000	20.000	6 *idem.*	
.....	*idem.*	1822	1.000	6.000	2 *idem.*	
.....	Nouveau.	1821	»	48.000	14 *idem.*	
).....	Ancien.	1821	3.000	20.000	6 *idem.*	
.....	*idem.*	1825	2.000	4.000	3 *idem.*	
.....	*idem.*	1825	3.000	6.000	6 *idem* et laminoirs. Demande formée en 1824.	
.....	Nouveau.	1825	»	»	2 *idem*. Demande formée en 1825.	
ean).	*idem.*	1823	»	30.000	8 *idem.*	
.....	*idem.*	1823	»	10.000	2 *idem.*	
.....	*idem.*	1822	»	37.000	15 *idem et laminoirs, autorisés en 1826.*	
.....	*idem.*	1825	»	5.000	2 *idem.*	
.....	*idem.*	1823	»	30.000	8 *idem.*	
.....	Ancien.	1824	3.000	6.000	2 *idem*, autorisés en 1821.	**RÉSUMÉ.**
.....	*idem.*	1823	»	6.000	2 *idem* et 1 laminoir, autorisés en 1822.	Ce Tableau comprend:
.....	*idem.*	1824	»	»	.... Point d'affinage à la houille; laminoirs à tôle et fer-blanc, allant à la houille.	*Forges à l'anglaise* déjà en activité.... 31
.....	Nouveau.	1825	»	»	2 *idem*. *Demande formée en 1826.*	*Idem*, pas encore en activité........ 9
.....	Ancien..	1822	»	»	3 feux d'affinerie et 2 laminoirs, autorisés en 1825.	*Idem*, supprimée 1
.....	Nouveau.	1825	»	»	2 *idem*, autorisés en 1825.	Ateliers de laminage, sans forges proprement dites. 4
.....	Ancien..	1825	»	»	2 *Statuts de Société approuvés en 1826.*	
.....	Nouveau.	1825	»	»	»	
		TOTAL...	49.000	442.000	172	TOTAL des Étab^ts.. 45

D'après le tableau qui précède, on est fondé à penser que, dans l'année 1825, la quantité totale de fer fabriqué à la houille a été, pour toute la France, de 442.000 quintaux métriques.

Cela posé, du total de fonte brute sus-énoncé, qui est de. . . . . 1.451.010 q^{x}. mét., il faut soustraire, — Produit en fer forgé.

Pour fabrication de 442.000 q^{x}. mét. de fer à la houille, à raison de 1.350 de fonte pour 1.000 de fer, ci. . . . . 596.700 q^{x}. mét.

Il reste en fonte de fer. . . . . 854.310 q^{x}. mét.

Ce reste est employé pour la fabrication du fer au charbon de bois. Il en résulte 569.540 q^{x}. mét. de ce métal, à raison de 1.500 de fonte pour 1.000 de fer.

Ainsi, du total de fonte sus-énoncé (1.451.010 q^{x}. mét.) on obtient :

En fer fabriqué à la houille.	442.000 q^{x}. mét.
En fer fabriqué au charbon de bois . .	569.540
TOTAL de fer obtenu.	1.011.540 q^{x}. mét.

Il paraît constant, d'après ce qu'on vient de voir, que depuis l'année 1819 la production de fer s'est accrue, en France, d'environ 400.000 quintaux métriques, à cause de la fabrication du fer par le moyen de la houille ; mais ce serait une erreur, que d'attribuer tout cet accroissement de produit à l'emploi de la houille ; il est dû pour moitié à l'emploi du charbon de bois, qui a été nécessaire pour obtenir la fonte convertie en fer par la houille. De là, le renchérissement des bois et par suite le renchérissement de la fonte et du fer. Sur ce point, il est à propos de présenter quelques éclaircissemens :

Pour fabriquer une certaine quantité a de fer affiné à la houille, on emploie une quantité de fonte obtenue par le moyen du charbon de bois, laquelle est à-peu-près $= a + \frac{a}{3}$ (le tout en poids).

Cette quantité de fonte, à raison d'une partie et demie de charbon pour une partie de fonte obtenue, a exigé l'emploi d'une quantité de quintaux de charbon de bois, qui est précisément le double de la quantité de quintaux de fer fabriquée. Un calcul facile va le faire voir :

En effet, $a + \frac{a}{3} =$ quantité de fonte nécessaire pour fabriquer a de fer forgé à la houille, et $a + \frac{a}{3} \times 1 + \frac{1}{2} = 2a =$ la quantité de charbon de bois, nécessaire pour obtenir la quantité de fonte de laquelle résulte la quantité a de fer forgé à la houille.

Or, pour obtenir cette même quantité a de fer forgé au charbon de bois, il aurait fallu la quantité $4a$ de charbon de bois, à raison d'une partie et demie en poids, de ce charbon, pour une partie de fonte obtenue du minerai dans le haut-fourneau, et à raison d'une partie trois quarts de charbon, pour une partie de fer obtenue de la fonte qui éprouve un déchet d'un tiers de son poids dans les affineries au bois, de telle sorte que 1.500 de fonte donnent 1.000 de fer forgé au charbon de bois.

Ainsi, en employant la quantité $2a$ de charbon de bois, qui a été consommée dans les hauts-fourneaux, pour procurer la quantité a de fer forgé à la houille, on aurait obtenu, par l'ancien procédé, faisant tout au charbon de bois, une quantité de fer forgé, qui aurait été la moitié de $a = \frac{1}{2} a$.

Par conséquent, dans la quantité de fer forgé à la houille, quantité qui, pour toute la France, est annuellement de 442.000 quintaux métriques, il n'y en a que la moitié qui soit due immédiatement à l'emploi de la houille. En d'autres termes, avec la quantité de charbon de bois, qui a été consommée dans les hauts-fourneaux de la France, pour procurer la fonte nécessaire à la fabrication des 442.000 quintaux métriques ci-dessus, de fer fabriqué à la houille, on aurait pu, sans employer ce dernier combustible, fabriquer, exclusivement au charbon de bois, 221.000 quintaux métriques de fer.

On voit donc que jusqu'à présent la fabrication du fer à la houille, fabrication qui n'a diminué celle du fer au bois, que d'environ 50.000 quintaux métriques, a augmenté la consommation du charbon de bois, pour la production de la fonte, dans une proportion beaucoup plus forte, qu'elle n'a diminué la consommation du même combustible pour la fabrication du fer par ce moyen. De là, toutes les conséquences mentionnées ci-dessus, c'est-à-dire, renchérissement du bois, renchérissement de la fonte et du fer.

Au total de fer forgé, que nous avons trouvé ci-dessus (1.011.540 quintaux métriques), il ne s'agit plus que d'ajouter le produit, peu considérable, des forges catalanes dans lesquelles on obtient le fer directement du minerai par le moyen du charbon de bois. Ces petits établissemens sont presque tous situés dans les départemens méridionaux dont se compose la cinquième Inspection, ainsi que le fait voir le Tableau suivant:

N°. 4. *Tableau indicatif des forges catalanes et de leur produit annuel, d'après les faits constatés en l'année* 1818, *dont on peut regarder le produit comme équivalant à celui de l'année* 1824, *sauf les observations ci-après.*

DÉPARTEMENS :	Feux d'affinerie, dits *feux catalans.*	Produit annuel en quintaux métriques de fer.	OBSERVATIONS.
		qx. mét.	
Gard.	1	»	Établissement qui n'existe plus.
Aude.	16	15.440	Depuis 1818, il a été construit dans ces 3 départemens 12 forges catalanes dont on peut estimer le produit total à 10.500 qx. mét., d'après le produit moyen d'une telle forge, lequel est de 875 qx. mét. par année, dans l'ensemble de ces 3 départemens.
Pyrénées-Orientales.	18	13.645	
Ariège.	45	40.000	
Haute-Garonne.	1	1.300	
Tarn.	1	»	Établissement qui était hors d'activité en 1818.
Basses-Pyrénées	4	2.250	
Lot-et-Garonne.	6	925	
Lot.	3	210	
Aveyron.	1	»	Établissement qui n'existe plus.
TOTAL.	96	73.770	
A ce total, il faut ajouter:			
1°. Pour 12 nouvelles forges catalanes, situées dans les dép^ts. de l'Aude, des Pyrénées-Orientales et de l'Ariège (*voyez l'observation ci-dessus*), ci.	12	10.500	
2°. Pour 12 petites forges analogues, dites *forges bergamasques*, qui existent dans le dép^t. de l'Isère, chacune d'elles ne faisant pas plus de 100 qx. mét. par an, ci.	12	1.200	
3°. Pour 10 forges catalanes qui existent en Corse, à raison de 800 qx. mét. par forge, ce qui est le terme moyen de produit annuel, calculé d'après toutes les forges catalanes de la France, ci.	10	8.000	
TOTAL.	130	93.470	

En résumant tout ce qui précède, nous pouvons admettre qu'en 1824, ou en 1825, la fabrication du fer, en France, a été telle qu'il suit : Produit total de fer forgé.

Fer obtenu de la fonte, au charbon de bois	569.540 qx. mét.
Fer obtenu de la fonte, à la houille.	442.000
Fer provenant des forges catalanes, au charbon de bois	93.470
TOTAL	1.105.010 qx. mét.

Pour achever de faire apprécier l'importance de la fabrication du fer en France, jetons un coup-d'œil rapide sur le nombre d'ouvriers, auquel l'industrie des usines à fer procure le travail et le salaire, tant dans l'enceinte même de ces usines, que dans les mines et minières, dans les forêts, sur les routes et sur les fleuves, rivières ou canaux. Nombre d'ouvriers employé.

Les États qui existent à l'Administration des Mines font voir que l'on peut estimer ce nombre ainsi qu'il suit, pour les hauts-fourneaux et les forges proprement dites, d'où provient le fer en grosses barres, sans compter les nombreux ateliers d'industrie manufacturière dans lesquels on élabore ultérieurement la fonte et le fer, pour obtenir, soit des ouvrages en fonte moulée, soit du fer martiné, de la tôle, du fer-blanc, du fil de fer, de l'acier et des outils.

Dans l'ensemble des 5 Inspections, on compte 69.617 ouvriers employés pour les mines, minières, hauts-fourneaux et usines à fer, tant dans ces ateliers même, que dans les forêts, sur les routes et sur les fleuves, rivières ou canaux, savoir :

Dans la 1re.	Inspection. . . .	12.627	ouvriers.
2e.	———	11.520	
3e.	———	30.520	
4e.	———	3.780	
5e.,	y compris les ouvriers des forges catalanes, ———	11.170	
	Total....	69.617	

D'après ces faits, qui nous paraissent dignes de foi, et qui répondent à la question que nous avons regardée comme préalable, passons à l'examen des deux autres questions posées par Monsieur le Directeur général des Ponts et Chaussées et des Mines. Les faits ayant été présentés d'avance et séparément, il deviendra plus facile de traiter les questions ultérieures.

2e. question. *Seconde question : De l'effet qu'a produit la loi des Douanes de 1822, sur l'état des forges de la France.*

Il faut ici partir d'un premier fait, déjà établi dans ce qui précède : c'est que la consommation de la fonte et du fer s'est considérablement accrue en France. Telle était déjà la tendance générale de l'industrie française, lorsque la loi sur les douanes, du 27 Juillet 1822, établit les droits d'entrée suivans :

Droits d'entrée sur les fontes et fers.

			par qx. mét.
Fonte	brute en gueuse, de 4 qx. mét. au moins.......	par mer, et depuis la mer jusqu'à Solre-le-Château exclusivement	9 f.
	Idem.......	de Solre-le-Château à Rocroy inclusivement...	4
	Idem.......	par les autres frontières de terre.........	6
	épurée, dite *mazée*.......	....	15

Fer en barres	plates ou carrées, de grandes dimensions..	25
	plates, carrées ou rondes, de dimensions moyennes	36
	plates, carrées ou rondes, de petites dimensions	50

(*Voyez, pour les dimensions, ladite loi de* 1822, *Bulletin* n°. 544.)

Fer en barres importé par mer et justifié provenir de forges étrangères où il se traite exclusivement au charbon de bois et au marteau, tel que fer de Suède et de Russie, comme dans le tarif du 21 Décembre 1814, savoir :

pour les fers de grandes dimensions, dits fers de deux manipulations.........	15
pour les fers de moyennes dimensions, dits fers de trois manipulations.........	25
pour les fers de petites dimensions, dits fers de quatre manipulations..........	40

(*Voyez ladite loi de* 1814, *Bulletin* n°. 66.)

Par un premier effet de la loi de 1822, la quantité d'importation des fers en barres fut considérablement diminuée; mais l'importation de la fonte n'éprouva qu'un faible changement; c'est ce que fera voir le Tableau suivant; il présente le résumé des États officiels que l'Administration générale des Douanes a fait imprimer pour les années 1820 à 1824 inclusivement.

N°. 5. *Tableau concernant l'importation et l'exportation de la 1824 inclusivement, avec annotation de la valeur du quintal taux d'évaluation moyenne adopté par l'Administration des*

MATIÈRES.		IMPORTATION. Quantités en quintaux métriques.					Valeu en Franc du Quint. métri
		Année 1820.	1821.	1822.	1823.	1824.	Anné 1824.
							fr.
Fonte..	tant brute qu'épurée.	54.496	76.712	82.622	78.278	73.804	10
	moulée............	»	»	466	456	»	»
Fer....	en barres plates, carrées, ou rondes.	88.911	138.437	50.692	45.216	58.134	10 20
	Tôle et fer-blanc....	4.459	3.428	2.494	1.565	3.243	147
	Fil de fer........	1	4	2	1	5	238
	Ouvrages en fer.....	546	591	»	67	237	99
Acier..	forgé de toute sorte.	5.911	5.572	5.308	6.036	7.081	160
	fondu.............	755	1126	855	742	865	199
	filé..............	17	25	13	19	34	343
	ouvré.............	»	»	»	»	»	»
Houille, tant par terre que par mer................		2.809.197	3.205.946	3.372.503	3.263 932	4.615.665	1

fonte, du fer, de l'acier, et de la houille, pour les années 1820 à métrique de chacun de ces objets pour l'année 1824, suivant le Douanes royales de France, le tout d'après les États officiels.

MATIÈRES.		EXPORTATION. — Quantités en quintaux métriques.					Valeur en Francs, du Quintal métriq.	
		Année 1820.	1821.	1822.	1823.	1824.	Année 1824.	
							fr.	c.
Fonte.	tant brute qu'épurée.	4.721	4.045	6.298	3.463	4.098	20	»
	moulée	11.235	12.752	8.594	10.661	11.986	55	»
Fer.	en barres plates, carrées, ou rondes.	7.657	6.702	7.297	6.158	6.294	50	»
	Tôle et fer-blanc	190	368	258	191	114	146	93
	Fil de fer	1.905	1.719	2.449	2.170	3.085	209	98
	Ouvrages en fer	10.449	12.071	3.816	9.596	10.583	124	99
Acier.	forgé de toute sorte.	152	158	130	19	87	239	58
	fondu	9	1	4	»	»	»	»
	filé	28	»	6	»	»	»	»
	ouvré	51	43	218	81	108	371	47
Houille, tant par terre que par mer		264.555	739.354	63.862	48.312	63.691	1	98

L'importation de fonte, tant brute qu'épurée,
qui était, en 1821, de. . . . . 76.712 q^x.m.
fut, —— en 1822, de. 82.622
en 1823, de. 78.278
en 1824, de. 73.804

Mais l'importation du fer en barres, qui
avait été, en 1821, de. . . . . 138.437 q^x.m.
ne fut plus, en 1822, que de. 50.692
en 1823, de. 45.216
en 1824, de. 58.134

Ainsi, dans la comparaison de ces nombres, se montre un premier effet de la loi sur les douanes de 1822.

Effets de la loi des douanes de 1822.

A cette époque, quelques entrepreneurs industrieux avaient déjà tenté, en France, l'introduction des procédés anglais, tant pour la fusion du minerai de fer à la houille carbonisée, dite *Coke*, que principalement pour l'affinage du fer à la houille dans des fourneaux de reverbère, et pour l'étirage au laminoir. Dès que parut la loi de 1822, le nombre de ces entreprises s'accrut considérablement; c'est ce que fait voir le Tableau déjà présenté, concernant les forges françaises allant à la houille, par l'indication de l'année dans laquelle chacun de ces établissemens fut, ou fondé comme *atelier nouveau*, ou amené à son état actuel au moyen de la transformation ou *conversion* d'un *ancien atelier* de forge (*voy. le Tabl.* n°. 3, page 22). La multiplication de ces ateliers, dont le nombre s'élève aujourd'hui à 31 établissemens en activité, fut donc un second effet de la loi sur les douanes de 1822. Il en résulta que de grands capitaux, dont on évalue la somme à 30 millions de francs au moins, furent versés par un grand nombre de particuliers dans la fabrication du fer affiné à l'aide des nouveaux procédés, troisième effet, très-remarquable, de la loi sur les douanes de 1822.

C'est par l'effet de cette loi qu'une révolution, qui était à peine commencée en France, dans le travail du fer, s'est décidément accomplie; mais, dans presque toutes ces nouvelles entreprises, le désir d'opérer un changement subit, l'impatience de manifester de grands résultats, dirigèrent les entrepreneurs, qui pour la plupart étaient des Français. Un seul haut-fourneau s'éleva d'abord pour la production de la fonte à la houille. C'est dans la formation de ces derniers établissemens que consiste, en France, la principale difficulté de l'introduction des procédés anglais; car, pour alimenter un tel haut-fourneau, qui doit devenir pour les forges une source abondante de matière première, il s'agit d'obtenir et de transporter au loin des masses énormes de houille, de minerai, de *Castine* ou fondant, ce que permet rarement, en France, dans les contrées propres à ce genre d'industrie, l'état actuel de l'exploitation des mines ou minières, et des moyens de communication, soit par terre, soit par eau. Il faut donc, à cet égard, outre de grands capitaux, des localités très-favorables et beaucoup de longanimité. Cette industrie génératrice ne saurait s'improviser, au lieu qu'un atelier d'industrie manufacturière, tel qu'une forge à l'anglaise, peut s'établir promptement et presque par-tout, moyennant des capitaux suffisans, et fournir bientôt des produits. Aussi, presque par-tout ce fut le fer que l'on voulut produire. On résolvait ainsi la partie la moins difficile du problème; on commençait, pour ainsi dire, par la fin; quel fut le résultat? On obtint à la vérité, en peu d'années, un accroissement très-considérable de la production en fer; mais la fonte de fer manqua bientôt. Il fallut en augmenter la production dans les hauts-fourneaux allant au charbon de bois. De là, un accroissement très-considérable du prix des bois et des minerais; de là, le prix auquel s'est élevée la fonte de fer en France, et par suite le prix du fer fabriqué au charbon de bois. Quelques détails vont faire juger de cette augmentation.

Dans le département de la Haute-Saône,

Le prix de la fonte brute pour fer était:
En 1824, de. . . . . 20 fr. le q^{al}. mét.
En 1825, de. . . . . 24 à 24 fr. 50 c.
Il est, en Janvier 1826, de. . 28 à 30 fr.

Tel est, en général, le prix actuel des fontes de fer de première qualité, dites fontes de Franche-Comté, ou de Berry. Les fontes pour fer, de Bourgogne et de Champagne, étant de qualité inférieure, coûtent de 21 à 23 francs le quintal métrique.

Dans le département de la Haute-Saône,
Le prix du fer en grosses barres, de première qualité, fabriqué au charbon de bois, était, en 1824, de. . . . . 55fr. le q^{al}.m.
Il est en Janvier 1826,
pour les fers de bonne qualité, de 70
Et pour les fers de la meilleure
qualité, de. 76

Dans ce même département, les prix se sont élevés, en 1826, ainsi qu'il suit:
Pour le fer martiné, à. . . . . . 84 fr. le q^{al}.m.
Pour le fer en verges de filerie, à 90

Dans les autres parties de la France, le prix des fers fabriqués au charbon de bois variait, en 1824, entre 42 et 62 fr. le q^{al}. mét., suivant les qualités de ces fers et les lieux de production. Ce prix a éprouvé un accroissement proportionné à celui qui vient d'être indiqué. En Janvier 1826, il varie entre 60 et 70 fr., dans les usines à fer de la Lorraine, de l'Alsace et des Ardennes. Outre les causes sus-énoncées, la sécheresse extraordinaire de l'année 1825, en suspendant l'activité de plusieurs forges, a dû contribuer aussi au renchérissement des fers.

Pendant que ces changemens s'opéraient, la consommation du fer s'accroissait, encore plus rapidement que la production de ce métal. On recherchait les fers à la houille, quoiqu'en général, sous le rapport de la force ou de la qualité de métal pur, ils passent pour être inférieurs aux fers fabriqués au charbon de bois; mais on les recherchait, parce que leur qualité étant suffisamment bonne pour la plupart des destinations du fer, leur exécution, opérée par les machines, offre plus de précision, et parce que leur prix est moindre. Il en est résulté que les producteurs de fer à la houille, se voyant obligés de payer plus cher et ce combustible et la fonte dont il leur fallait d'énormes quantités, ont élevé le prix de leur marchandise.

Ainsi, par exemple, le fer à la houille, en 1824, s'était vendu 45 fr. dans les forges du département de la Moselle, tandis que le fer au charbon de bois s'y vendait 52 fr. A cette même époque, le fer à la houille, du département de la Nièvre, se vendait de 50 à 54 fr., tandis que le fer au charbon de bois s'y vendait 56 fr.; mais en Janvier 1826, nous voyons, par les tarifs publiés, que le prix des fers en grosses barres, fabriqués à la houille, est, dans les forges de Charenton (Seine), de 56 fr. le quintal métrique, et dans les forges de Fourchambault (Nièvre), de 60 francs.

Ces augmentations du prix des fers fabriqués, soit à la houille, soit au charbon de bois, nous semblent indiquer que la concurrence n'est pas encore aussi grande parmi les fabricans ou vendeurs, que l'est devenue la demande de fer parmi les consommateurs ou acheteurs. Si d'un côté, il est vrai de dire que, sans la loi de 1822, les nouveaux établissemens n'auraient pas pu s'élever, de l'autre, il faut avouer que, sous l'égide des droits d'entrée qu'établit cette loi, les fabricans de fer ont élevé le prix de ce métal, autant que les besoins des consommateurs les encourageaient à le tenter. Se voyant garantis de la concurrence étrangère, jusqu'à un certain point, par les dispositions de la loi de 1822, ces fabricans semblent s'être approchés de plus en plus des dernières limites qu'ait posées cette loi, protectrice de l'industrie des forges.

Un autre effet de la révolution qui s'est opérée dans le travail du fer nous semble digne de remarque : c'est l'accroissement qu'a éprouvé, depuis quelques années, l'importation de la houille, tant par mer que par terre. Le Tableau qui précède (n°. 5, p. 50) nous fait voir que l'importation de ce combustible était,

En 1821, de.	3.205.946 q^x. mét.
En 1824, elle fut de.	4.615.665
Elle s'est donc accrue de. .	1.409.719 q^x. mét.

Ainsi, dans l'espace de trois années, l'importation de la houille s'est accrue, en France, à-peu-près de moitié, en sus de ce qu'elle était en 1821.

Quant à l'exportation de la houille, elle n'a été, en 1824, que d'environ 64.000 quintaux métriques, et par conséquent elle est restée à-peu-près telle qu'elle était en 1822. (*Voyez le Tableau* n°. 5, page 30.)

Cependant, l'extraction de ce combustible a plutôt augmenté que diminué dans les mines de la France; elle s'y élève annuellement à 14 millions de quintaux métriques. L'accroissement d'importation de houille étrangère, qui eut lieu de l'année 1821 à l'année 1824, paraît avoir été causé, en grande partie, par l'introduction du traitement du fer à la houille. En effet, on sait que, pour obtenir, à partir de la fonte déjà produite, 10 quintaux métriques de fer forgé à la houille, on consomme, tout compris (*finage, pudlage, laminage et machine à vapeur*), on consomme, disons-nous, de 30 à 32 hectolitres de houille, pesant chacun 75 kilogrammes, c'est-à-dire environ 24 quintaux métriques de houille. Il en résulte que, pour obtenir les 442.000 quintaux métriques sus-mentionnés, de fer forgé à la houille, on doit consommer environ 1.060.800 quintaux métriques de ce combustible. Ce nombre est plus des deux tiers (ou à-peu-près les cinq septièmes) de la différence déjà indiquée entre les importations de houille qui sont constatées, pour l'année 1824 et pour 1821. Il convient de remarquer que, dans les États des Douanes, la valeur moyenne du quintal métrique de houille importée est estimée 1 fr. 59 c., tandis qu'en France, le prix du quintal métrique de ce combustible varie depuis

50 centimes jusqu'à 5 francs, suivant les circonstances locales qui sont très-diverses. Cette diversité des circonstances locales, et par conséquent du prix de la houille, provient, en France, de la difficulté des communications. C'est un des principaux obstacles qui s'opposent au développement de l'industrie des mines et usines, et notamment à l'érection, très-désirable, des hauts-fourneaux propres à la fusion du minerai de fer par le moyen de la houille carbonisée, dite *Coke*.

Un effet incontestable de la loi sur les douanes de 1822 consiste, non-seulement en ce qu'elle a rendu possible de multiplier, en France, les forges allant à la houille, mais encore et sur-tout en ce que cette loi a préservé les anciennes forges, allant au charbon de bois, de la ruine dont elles auraient été menacées par une introduction trop facile des fers étrangers; car, dans les pays étrangers, le fer, à raison de circonstances plus favorables, est produit à meilleur marché qu'il ne peut l'être en France.

Prix des fers français.

Ceci a besoin d'être développé par des exemples: les documens que nous allons présenter, concernant le prix des fers de Champagne et le prix des fers étrangers, sont un extrait des registres de M. Riant jeune, négociant en fer, successeur de MM. Moreau, Thomas, Desnœux et Cie., rue St.-Antoine, no. 177, à Paris. Je suis redevable de cette communication à la complaisance de ce négociant éclairé. Il ne sera pas inutile de placer ici le Tableau qui va suivre, concernant le commerce des fers de Champagne (Haute-Marne), que l'on regarde en général, ainsi que les fers de Bourgogne, comme inférieurs aux fers de la Franche-Comté et du Berry.

N°. 6. *Tableau concernant le commerce des Fers de Champagne.*

ÉPOQUES DES VENTES.	PRIX DES FERS de Champagne vendus dans les forges. Livrés à Joinville. Fers dits *Roche*.	Livrés à Saint-Dizier. *Vosges*	Livrés à Saint-Dizier. *Demi-Roche*.		PRIX DES FERS de Champagne vendus à Paris. *Roche*.	*Vosges*	*Demi-Roche*.		OBSERVATIONS.
1816. Juillet....	460	450	450	Les 1040 kilog. à 6 mois de terme, soit 3 pour 100 d'escompte.	540	520	500	Les 1000 kilog. à 6 mois de terme.	Les frais de transport, des forges à Paris, varient très-souvent; mais le prix moyen, pour les fers dits *Roche*, est de 40 fr. les 1040 k., et pour les fers dits *Vosges* et *Demi-Roche*, de 30 fr.; les premiers viennent de Joinville, les autres de St.-Dizier, par eau. Ces frais sont à ajouter aux prix fixés ci-contre. On estime que le transport des fers, pour 10 lieues de France, est, terme moyen, de 1 fr. 50 cent. pour 100 kil., par terre.
» Décembre.	500	490	490		560	550	540		
1821. Juillet....	430	420	400		500	480	460		
» Décembre.	440	430	420		520	500	480		
1822. Juillet....	490	475	475		550	530	520		
» Décembre.	480	470	470		560	550	540		
1824. Juillet....	450	430	430		530	490	480		
» Décembre.	450	430	430		515	500	475		
1825. Juillet....	530	520	520		650	630	610		
» Décembre.	600	580	580		650	620	600		

Fers de Champagne et autres.

Nous avons déjà vu que récemment, en Janvier 1826, le fer de la Haute-Saône, en grosses barres et de première qualité, s'était vendu, dans ce département, jusqu'à 76 fr. le q^al. mét., et que le fer des mêmes dimensions, mais de moindre qualité, s'y était vendu 70 fr. Tel est le prix actuel des fers les plus estimés de la Franche-Comté, que l'on regarde, avec ceux du Berry, comme les meilleurs de la France. Les fers de Champagne, quoique bons, sont moins estimés pour la qualité; ils se vendent par conséquent moins cher que ceux de la Franche-Comté et du Berry. Or, en Décembre 1825, les fers de Champagne, dont on distingue trois qualités, ont été vendus par les maîtres de forge, dans le département de la Haute-Marne, à Joinville et à Saint-Dizier, pour les prix ci-après, savoir :

Fers de la première qualité, dite *Roche*, rendus à Joinville. . . . . 57 fr. 69 c. le q^al.m.
— de la seconde qualité, dite *Vosges*, rendus à Saint-Dizier . 55 76
— de la troisième qualité, dite *Demi-Roche*, rendus à St.-Dizier. 55 76

Le transport par eau, de ces mêmes fers, coûte, prix moyen :

Pour les fers dits *Roche*,

de Joinville à Paris, 40 fr. les 1040 kil., ce qui fait, par quintal métrique, 3 fr. 94 c.

Pour les fers dits *Vosges* et *Demi-Roche*,

de Saint-Dizier à Paris, 30 fr. les 1040 kil., ce qui fait, par quintal métrique, 2 fr. 88 c.

Ainsi, les fers de la Haute-Marne, rendus à Paris, coûtent aux marchands :

1re. qualité (*Roche*). . . .	61 fr. 65 c. le qal.m.	
2e. qualité (*Vosges*).	58	64
3e. qualité (*Demi-Roche*).	58	64

Ces mêmes fers, à la même époque, ont été vendus à Paris, aux consommateurs, y compris le bénéfice du marchand :

1re. qualité (*Roche*).	65 fr.	le qal. m.
2e. qualité (*Vosges*).	62	
3e. qualité (*Demi-Roche*). .	60	

Voici quels furent, vers la fin de l'année 1825, les prix des fers de Bourgogne, de Berry et de Périgord :

Les fers de Bourgogne, en grosses barres, coûtaient dans les forges. . . . 59 fr. 20. c. le qal. m.

Frais de transport depuis les forges jusqu'à Arcis-sur-Aube, par terre.	1	80
—— depuis Arcis-sur-Aube, par eau, jusqu'à Paris.	2	75
Prix total du qal. mét. rendu à Paris.	63 fr. 75 centimes.	

Les fers de Berry, en grosses barres, coûtaient dans les forges 64 fr. 50 c. le qal. mét.

En général, il ne vient pas à Paris de fers du Berry qui soient en grosses barres; ceux qui sont le plus en usage pour la consommation de Paris sont des fers de *fenderie*, fers de trois manipulations; à la fin de 1825, ces derniers coûtaient, dans les forges de *Clavières* et de *Sauvage*, 69 fr. 50 c. le qal. mét., et pour frais de transport jusqu'à Paris 6 fr. 50 c., en total 76 fr., d'où l'on voit que :

Les fers de Berry, en grosses barres, s'ils venaient à Paris, y coûteraient, sans le bénéfice du marchand, environ 71 fr. le qal. mét.

A la même époque les fers de Périgord, département de la Dordogne, coûtaient dans les forges 56 fr. le qal. mét. Ces fers ne viennent pas à Paris.

Nous devons ces renseignemens à l'obligeance de MM. Labbé et Bègue aîné, négocians en fer, rue Basse Saint-Denis, n°. 20, à Paris.

Prix des fers étrangers.

Si l'on veut comparer sommairement avec ces prix ceux des fers de la Belgique et de l'Allemagne, de l'Angleterre, de la Suède et de la Russie, on voit qu'au commencement de l'année 1826, les prix des fers étrangers, considérés hors de France, dans le pays même d'où ils proviennent, sont tels qu'il suit :

Fers de la Belgique, en grosses barres, de 1re. qualité, pour la fabrication des armes, hors de France, dans les forges. . . 45 fr. » c. le qal.m.

—— de 2e. qualité, pour la clouterie, *ibidem*. 37

Fers d'Allemagne, *ibid.*, dans les forges voisines du Rhin. . 38

Fers de Suède, à Stockholm. 32 60

Fers de Russie, à St.-Pétersbourg. 32 76

Fers d'Angleterre, dans le port de Cardiff, en face de Bristol. 24 75

Comment serait-il possible, à côté de ces prix, que la concurrence fût soutenue par les produits français, dont voici les prix actuels pour toute la France :

Fers en grosses barres, de Champagne, fabriqués au charbon de bois, rendus les uns à Joinville, les autres à St.-Dizier. . 55 à 58 fr. le qal.m.

Fers de la Moselle et autres, dits fers de Lorraine, d'Alsace, des Ardennes, au charbon de bois, sur le lieu de production. 60 à 70 fr. le q^{al}.m.

Fers de la Haute-Saône, dits fers de Franche-Comté, *idem* . 70 à 76

Fers de Bourgogne, *idem*.. . 59 fr. 20 c.

Fers de Berry, *idem*. 64 50

Fers de Périgord, *idem*. . . 56 »

Fers de Bretagne, *idem*. . . 54 »

Fers à la houille, de Charenton près Paris, dans les forges. 56

——— de la Moselle, *idem*. . 50

——— de la Nièvre, *idem*. . 60 !

C'est par les frais de transport et principalement par les droits d'entrée, que les forges françaises sont défendues contre l'invasion des fers étrangers, ainsi que nous allons le voir au moyen de quelques exemples :

Prix des fers en Angleterre.

Le 11 Mars 1825, d'après le prix courant qui se publie à Londres, sous le titre de *Prince's Price Current*, le prix des fers en Angleterre était tel qu'il suit, la *tonne* étant de 1015 kilog.,84 et la *livre sterling* étant alors au cours de 25 fr. 10 c. :

Fers de Russie marqués C.C.N.D. dits *vieux soble*, en barres de 30 kilog., 27 *livres sterling* la *tonne*, *en entrepôt à Londres*, ce qui fait, par q^{al}. mét.... 66 fr. 71 c.

Fers de Russie marqués P. S. J. dits *nouveau soble*, 23 *liv. sterl.* la *tonne* (*idem*), ce qui fait, par q^{al}. mét. 56 83

Fers de Suède, 17 *liv. sterl.* la *tonne* (*idem*), ce qui fait, par q^{al}. mét. . . . . 42 »

Fers d'Angleterre en barres, 15 *liv. sterl.* 10 *shillings* la *tonne*, rendue à Londres, ce qui fait, par q^{al}. mét. 37 06

Fers d'Angleterre en barres, dans le port de Cardiff, 14 *liv. sterl.* la *tonne*, ce qui fait, par q^{al}. mét. 34 59

Voici quel est aujourd'hui l'état des choses, à l'égard de ces fers étrangers :

Fers de Russie.

Exemple concernant les fers de Russie.

Sur la fin de l'année 1825, les fers de Russie, nommés *fers de Sibérie*, ou *vieux soble*, portant la marque C. C. Ñ. D., valaient à Saint-Pétersbourg, terme moyen, 5 *Roubles* le *Poud* ou poids de 40 livres russes, au change de 107 centimes de France par *Rouble*.

Le *Poud* est évalué dans le commerce à 16 kilog., 33.

Cela posé, le *Poud* vaut 5 fr. 35 c.; ainsi :

Le quintal métrique de ce fer coûte à St.-Pétersbourg, prix d'achat.	32 fr. 76 c.	
Le fret, de Saint-Pétersbourg au Hâvre.	4 50	par q^al. mét.
Assurance, terme moyen, 3 pour 100 du prix d'achat	» 98	
Commission d'achat, droit de sortie, de quarantaine, droit de Sund, et autres frais, de port au navire, de pesage, etc., 4 pour 100 du prix d'achat	1 31	
Droit d'entrée en France, y compris le double décime pour franc, ces fers venant habituellement par navires étrangers.	18 35	
TOTAL	57 90	
A quoi il faut ajouter, pour frais de transport, du Hâvre à Paris . .	2 »	
d'où l'on voit que les fers de Russie, rendus à Paris, coûtent par q^al. mét.	59 fr. 90 c.	

C'est 5 fr. 10 c. de moins que ne se vendent, dans cette même capitale, les fers de la Haute-Marne, de 1re. qualité, et même 10 c. de moins que ne s'y vendent ceux de la moindre qualité, que l'on nomme *Demi-Roche.*

L'exportation de fer, dans le port de Saint-Pétersbourg, s'est élevée, en l'année 1825, à la quantité de 957.367 *Pouds*, chacun de 16kil.,33, c'est-à-dire à 156.338 quintaux métriques.

De cette quantité, il a été dirigé sur la France 45.703 *Pouds*, équivalant à 7.463 quintaux métriques.

L'année précédente, en 1824, il n'avait été exporté du port de Saint-Pétersbourg, à la destination de France, que 29.589 *Pouds*, équivalant à 4.831 quintaux métriques.

Je tiens ces renseignemens de M. Rodet, courtier de commerce, qui est l'auteur d'un ouvrage estimé, sur *le Commerce extérieur et l'Entrepôt de Paris* (*Paris*, 1825).

Exemple concernant les fers de Suède.

Fers de Suède.

Le prix des fers de Suède varie de 15 à 22 *Rixthaler*, ou Écus, le *Schippund*, ou poids de 135 kilog., 879.

Le prix actuel est de 20 *Rixthaler* le *Schippund.*

Dans ce moment, le change est fixé à 22 *Schellings* de Suède pour 1 fr.; le *Schelling* est la 48me. partie du *Rixthaler.*

Ces renseignemens m'ont été communiqués par M. Riant jeune, déjà cité page 38.

(*Voyez et comparez le Traité des arbitrages, par Tschaggeny. Paris*, 1817, *page* 46.)

Ainsi, le *Schippund* de 133,^{k}879 vaut à Stockholm 43 f. 63 c. et demi.

Le q^{al}. mét. de 100 kilog. vaut donc à très-peu près	32 fr.	60 c.
Le fret, de Stockholm au Hâvre, coûte. .	4	50
Assurance, terme moyen, 3 pour 100. .	»	97
Commission d'achat, droit de Sund et autres frais, 4 pour 100.	1	30
Droit de sortie de l'entrepôt de Stockholm.	1	»
Droit d'entrée en France, y compris le double décime, ces fers venant habituellement par navires étrangers.	18	35
Prix total du quintal métrique rendu au Hâvre.	58 fr.	72 c.
A ce prix il faut ajouter, pour frais de transport, du Hâvre à Paris.	2	»
Total.	60 fr.	72 c.

C'est 4 fr. 28 c. de moins que ne se vend, dans cette même capitale, le quintal métrique de fer de la Haute-Marne, de la 1re. qualité, puisque nous avons vu ci-dessus que ce fer, dit *Roche*, se vend à Paris 65 fr. le quintal métrique.

Fers d'Angleterre.

Exemple concernant les fers d'Angleterre.

En Angleterre, depuis quelques mois, le prix des fers a éprouvé des variations considérables et brusques (Janvier 1826). Ce prix a flotté incertain entre 7 et 16 *livres sterling* par *tonne* du poids de 1015,^{k}84. Dans le mois d'Octobre 1825, le prix s'était abaissé subitement, à Birmingham, de 14 *livres* à 10 *livres sterling*, et l'on s'attendait encore à une baisse ultérieure de 2 *livres sterling*, ce qui occasionna une violente commotion dans les manufactures où l'on emploie ce métal (*voyez le Journal de l'Étoile, du* 1er. *Novembre* 1825). Mais en ce moment (Janvier 1826), le prix des fers remonte en Angleterre. Le cours paraît vouloir s'en établir de 11 à 11 *liv. sterl.*, 10 *shillings* la *tonne*. Cependant, les fers anglais, en grosses barres, ne valent à Cardiff que 10 *liv. sterl.* la *tonne*.

La *livre sterling* vaut au cours actuel du change 25 fr. 15 c.; ainsi :

La *tonne* à 10 *liv. sterl.* coûte à Cardiff.... ce qui porte le prix du qal. mét. à 24 fr. 75 c.	251 fr.	50 c.
Fret de la *tonne*, prix moyen, de Cardiff au Hâvre....................	35	»
Assurance à 1 3/4 pour 100..........	4	40
Commission d'achat, d'expédition et autres frais, à 2 pour 100................	5	3
Droit d'entrée par navires français, à raison de 27 fr. 50 cent. par qal. mét., y compris le décime pour franc; ci pour la *tonne*.....	279	35
(Par navires étrangers, il y a un second décime en sus. *Voyez le Supplément à ce Mémoire*, page 111.)		
TOTAL par *tonne* de 1015,k84....	575 fr.	28 c.

Il en résulte que le quintal métrique de fer anglais, rendu au Hâvre, y coûte. . 56 fr. 65 c.
A quoi il faut ajouter, pour transport, du Hâvre à Paris.. 2

TOTAL. . . . . 58 fr. 65 c.

Ainsi, le quintal métrique de fer anglais, qui est en général fabriqué à la houille, coûte à Paris 2 fr. 63 cent. de plus que le fer affiné à la houille dans l'usine de Charenton près Paris, et 1 fr. 27 c. de moins que le fer affiné à la houille dans l'usine de Fourchambault; ce dernier se distingue par une fabrication très-soignée,

4

et comme il provient de fonte au charbon de bois, il est généralement préféré, en France, aux fers anglais, qui ne sont fabriqués qu'avec de la fonte obtenue par le moyen de la houille.

Des faits qui viennent d'être exposés, on peut conclure ce qui suit :

1°. Les droits d'entrée, qui sont établis sur les fers étrangers par la loi de 1822, ont permis et favorisé le développement de l'industrie dans les forges françaises.

2°. Le maintien de ces droits paraît nécessaire pour la conservation des nombreuses forges qui existent en France, soit au charbon de bois, soit à la houille.

3°. Ces droits d'entrée ne sont pas excessifs, puisqu'ils ne font, ainsi qu'on vient de le voir, que rétablir l'équilibre entre les forges étrangères et les forges françaises.

Mais, dira-t-on, les nombreux consommateurs de fer, l'agriculture et l'industrie manufacturière se plaignent du renchérissement continuel de ce métal! N'est-ce pas la cupidité des maîtres de forge français qu'il faut en accuser? Les mêmes fers de Champagne (1re. qualité, dite *Roche*), qui,

en Juillet 1821, coûtaient à Joinville,	43fr.	les 104 kilog.
en Juillet 1822, coûtèrent.	49	
en Juillet 1825.	53	
ils coûtent aujourd'hui.	60	

Les mêmes fers de Franche-Comté et d'Alsace, 1re. qualité, qui en Juillet 1822 coûtaient 55 fr. le qal mét., coûtent aujourd'hui de 70 à 76 francs!

Quel sera donc, disent les consommateurs, le terme de ce renchérissement ruineux?

Pour apprécier ces plaintes, essayons, par un exemple, d'établir le prix auquel on peut admettre, d'après un terme moyen, que revient, dans une forge de la Haute-Saône, la production d'un quintal métrique de fer fabriqué au charbon de bois et au marteau.

Exemple indicatif du prix de fabrication d'un quintal métrique de fer en grosses barres, de première qualité, obtenu de la fonte, dans le département de la Haute-Saône, par le moyen du charbon de bois et du marteau.

Soit une usine composée d'un haut-fourneau, produisant par année 4.500 quintaux métriques de fonte, et de deux feux d'affinerie dans lesquels il en résulte 3.000 quintaux métriques de fer en grosses barres.

Prix de fabrication du fer, au charbon de bois.

Voici quels sont les divers élémens du prix de ce fer :

Minerais;

Le prix moyen de 10 quintaux métriques de minerais, soit en roche, soit en grains, provenant tant des mines que des minières, et donnant 30 pour 100 en fonte brute, est tel qu'il suit :

Minerais en roche....	» fr.	50 c. le quint. mét.
Minerais en grains...	1	50.

Le mélange habituel est de 1/15 de minerais en roche avec 14/15 de minerais en grains.

Pour 1 quintal 1/2 de fonte, qui doit donner 1 quintal de fer, il faut 5 quintaux de ces minerais mêlés, et par conséquent 15.000 quintaux en tout, savoir :

1.000 qx. de minerais en roche, coûtant en totalité	500 fr.
14.000 de minerais en grains, lavés	21.000
Tot. 15.000 qx.	21.500 fr.

d'où, par quintal de fer fabriqué . . . . . . 7 fr. 16 c.

Fondans, dits *Castine* ou *Erbue;*

Il faut environ 3.000 quint. de ces pierres ou terres, à 20 centimes le quint. métrique;

ci, pour chacun des 3.000 quintaux de fer fabriqués. . . . . » 20

Transport des minerais et fondans,

à 2 lieues, terme moyen, à raison de 25 centimes par quintal métrique et par lieue, prix ordinaire, vu la difficulté des chemins de traverse, le prix réel étant de 2 fr. 50 c. par lieue, pour 10 quintaux métriques;

Pour 18.000 quintaux à transporter, ci, par quintal métrique de fer fabriqué. . . . . 5 »

Charbon de bois,

tant pour le haut-fourneau, que pour les deux feux d'affinerie. Il faut communément, en poids, 1 partie 1/2 de charbon de bois pour 1 partie de fonte obtenue, et 1 partie 3/4 de charbon de bois, pour 1 partie de fer obtenu de la fonte, ce qui fait en total 4 parties de charbon de bois pour 1 partie de fer obtenue du minerai (1 de fer exigeant 1 1/2 de fonte).

La corde charbonnière des forges, de 80 pieds cubes, donnant 22 pieds cubes 1/2 de charbon, coûte 12 fr. pour l'achat du bois, d'après le prix des adjudications de coupe; ce prix s'est élevé, pour l'ordinaire 1826, juqu'à 1168 francs par hectare.

22 pieds cubes 1/2 de charbon de bois mêlé, de chêne et de hêtre, font un poids de 1 quintal 1/2 de charbon.

Pour 4 quintaux métriques de charbon, il faut 2 cordes 2/3 de bois;

A reporter. 10 fr. 36 c.

Report. 10 fr. 36 c.

ci, pour chaque quintal métrique de fer fabriqué. . . . . 32 »

Abattage du bois et transport,

pour mémoire, attendu que cette dépense est compensée par la valeur des fagots et bourrées obtenus; ci. . . . . (*Mémoire.*)

Dressage et charbonnage,

tout compris, par corde 55 centimes; ci, pour 2 cordes 2/3, par quintal métrique de fer fabriqué. 1 46

Transport du charbon à l'usine,

à raison de 1 fr. 50 c. pour la quantité de charbon, dite 2 *cuveaux* 1/2 *combles* (chacun de 9 pieds cubes), laquelle résulte d'une corde de bois;

ci, pour 2 cordes 2/3, par quintal mét. de fer fabriqué . . . . 4 »

Ouvriers pour le haut-fourneau,

Fondeur à 60 fr. par mois, sous-fondeur à 30 fr., chargeur à 30 fr., casseur de *castine* à 15 fr., bocardeur de crasses à 15 fr., le tout ensemble faisant 1800 francs;

ci, par quintal de fer fabriqué 1 66

Ouvriers pour les feux d'affinerie,

Forgerons à raison de 20 fr. par millier métrique, à prix fait;

ci, par quintal de fer fabriqué. . . . . 2 »

Frais de régie et de bureaux,

à raison de 5.400 fr. pour 4 employés ou écrivains;

ci, par quintal de fer fabriqué. 1 80

A reporter. 53 fr. 28 c.

Report.	53 fr.	28 c.

Entretien de l'usine,
du cours d'eau et des chemins ; contributions, etc ,
à raison de 6.000 fr. pour le tout ;

ci, par quintal de fer fabriqué.	2	»

Intérêt de la valeur actuelle d'un tel établissement,
à raison d'un capital de 200.000 fr. qu'il représente, capital dont la rente, à 5 pour 100, est de 10.000 fr.;

ci, par quintal de fer fabriqué.	3	33

Intérêt d'un fonds de roulement annuel d'environ 160.000 fr., savoir :

Pour achat de minerais sur les mines et minières.	21.500 fr.
Pour achats de fondans, dits *Castine* ou *Erbue*.	600
Pour transport des minerais et fondans.	9.000
Pour achat de bois.	96.000
Pour dressage et charbonnage.	4.380
Pour transport du charbon à l'usine.	12.000
Pour salaires d'ouvriers. . .	10.980
Pour frais de régie et de bureaux.	5.400
TOTAL	159.860 fr.

ci, pour intérêt à 6 pour 100 de ce fonds, intérêt du commerce, en total 9.600 fr.,

par quintal de fer fabriqué.	3	20
TOTAL.	61 fr.	81 c.

Bénéfice de l'industrie,
à 12 pour 100 du prix de fabrication ci-dessus d'un quintal métriq. de fer, qui est de 61 fr. 81 c. ;

ci, par quintal métrique de fer obtenu. . .	7	41
TOTAL.	69 fr.	22 c.

Cet exemple fait voir quels sont les élémens et les causes du prix auquel s'est élevé le fer dans le département de la Haute-Saône. Comme la plupart des dépenses admises dans ce calcul approximatif tendent journellement à s'accroître, il ne paraît pas surprenant que le prix du fer s'élève de 70 à 76 fr. le quintal métrique. La cause principale du renchérissement du fer consiste dans le renchérissement du bois. En effet, des renseignemens que j'ai puisés à l'Administration générale des Forêts, il résulte que le prix de l'hectare de bois en coupe, qui pour l'ordinaire 1826 s'est élevé à 1168 francs, n'avait été, pour l'ordinaire 1825, que de 649 francs. La différence en plus, pour 1826, est de 519 francs.

Un habile maître de forge, M. Muel-Doublat, annonce qu'en Champagne, la corde de bois, cubant 42 pieds, qui en 1819, 1820 et 1821 coûtait 3 fr. à 3 fr. 50 c., se vend aujourd'hui 9 à 10 fr., ce qui élève la corde de 80 pieds cubes au prix de 18 fr., nombre supérieur à celui qu'admet notre calcul. (12 fr. *Voy.* p. 50.)

On voit donc que, si le prix de l'hectare de bois était encore tel qu'il fut pour l'ordinaire 1825, la dépense portée ci-dessus à 32 fr. pour charbon de bois se réduirait à 17 fr. 78 c., et que par conséquent le prix de fabrication du quintal de fer serait réduit, sans l'intérêt à 12 pour 100, à 48 fr. 39 c., et avec cet intérêt, à 53 fr. 85 c., ce qui était effectivement le prix des dernières années, puisqu'alors ce prix se tenait de 50 à 55 fr. De là, il faut conclure que tel consommateur de fer, qui se plaint de la cupidité des maîtres de forge, se plaint réellement de la sienne même, s'il est propriétaire de bois.

Tout ce que l'on pourrait reprocher, avec quelque apparence de fondement, aux maîtres de forge français, ce serait de calculer, d'après le prix élevé des bois vendus pour l'ordinaire 1826, le prix des fers qu'ils fabriquent et vendent aujourd'hui, tandis que ces fers sont réellement fabriqués avec des bois achetés au prix inférieur, de l'ordinaire 1825; mais à cet égard, les maîtres de forge ne font qu'user du droit de tout fabricant et de tout commerçant, en profitant de la hausse du prix de leur marchandise; c'est avec raison qu'ils profitent de ce droit, au moment même de la hausse des matières premières qu'ils emploient, puisque, si le bois pour l'ordinaire 1827 venait à baisser de prix, ce qui diminuerait tout-à-coup le prix des fers, les maîtres de forge se verraient contraints de vendre au prix de la baisse les fers qu'ils auraient fabriqués avec des bois achetés au prix de la hausse; car, il est bien certain qu'alors les consommateurs ne viendraient pas les indemniser de leurs pertes. Si d'un autre côté, l'on reproche aux maîtres de forge d'avoir quelqu'intérêt à ce que le prix des matières premières qu'ils emploient se tienne élevé, parce qu'il en résulte que le prix de leur marchandise l'est aussi, et que par conséquent leur bénéfice, calculé à 12 pour 100 du prix de fabrication, s'accroît proportionnellement, on peut répondre qu'ils ne font à cet égard qu'user du droit de tout fabricant, de tout commerçant, dont le profit s'accroît à mesure qu'il emploie de plus grands capitaux, et qu'il court ainsi plus de risques.

Essayons maintenant d'établir, par des exemples analogues, les prix auxquels on peut admettre que revient la fabrication d'un quintal métrique de fonte de fer, soit par le moyen du charbon de bois, soit par le moyen de la houille carbonisée, dite *Coke*, et d'un quintal métrique de fer en grosses barres, soit par le moyen de la houille et du laminoir, soit par le moyen des forges catalanes.

Exemple indicatif du prix de fabrication d'un quintal métrique de fonte de fer, de première qualité, par le moyen du charbon de bois, dans le département de la Haute-Saône.

Soit une usine composée de deux hauts-fourneaux, produisant chacun par année 4.500 quintaux métriques de fonte, ce qui est à-peu-près le terme moyen du produit des hauts-fourneaux de toute la France, ainsi qu'on l'a déjà vu page 9. Prix de fabrication de la fonte, au charbon de bois.

Voici quels sont les élémens du prix de cette fonte :

Minerais,

D'après les données ci-dessus exposées, dans l'exemple relatif à la fabrication du fer, pour 1 quintal métrique de fonte, il faut 3,qx.3 de minerais mêlés ; ainsi, pour les 9.000 quintaux de fonte, à-peu-près 30.000 quintaux de minerais, savoir :

2.000 qx. de minerais en roche, à 50 centimes...	1.000 fr.	
28.000 qx. de minerais en grains, lavés, à 1 f. 50 c.	42.000	
Tot. 30.000 qx. mét. de minerais, valant..........	43.000 fr.	
ci, par quintal de fonte obtenu.......		4 fr. 77 c.

Fondans, dits *Castine* ou *Erbue*;

Pour 6.000 quintaux, à 20 c. le quintal ; ci, par quintal de fonte............	» 13
A reporter.	4 fr. 90 c.

Report.	4 fr.	90 c.
Transport des minerais et fondans, à 2 lieues, terme moyen ; Pour 36.000 quintaux à transporter, à raison de 25 c. par quintal métrique et par lieue ; ci, par quintal de fonte.	2	»
Charbon de bois ; Pour 1 quintal ½ de charbon, provenant d'une corde de bois, de 80 pieds cubes, qui coûte 12 fr. pour l'achat ; ci, par quintal de fonte obtenu.	12	»
Abattage du bois et transport, pour mémoire. (*Voyez ci-dessus*, p. 51.)		
Dressage et charbonnage, Par corde 55 centimes ; ci, par chaque quintal de fonte.	»	55
Transport du charbon à l'usine, par corde 1 fr. 50 c. ; ci, par quintal de fonte.	1	50
Ouvriers ; Fondeurs, sous-fondeurs et aides, pour les deux hauts-fourneaux, à raison de 3.600 fr. pour le tout ; ci, par quintal de fonte.	»	40
Frais de régie et de bureaux, à raison de 5.400 fr. en tout, pour les 2 hauts-fourneaux ; ci, par quintal de fonte.	»	60
A reporter.	21 fr.	95 c.

Report. 21 fr. 95 c.

Entretien de l'usine,

du cours d'eau et des chemins; contributions, etc.,

à raison de 6.000 fr. pour le tout;

ci, par quintal de fonte................. » 66

Intérêt de la valeur actuelle d'un tel établissement,

à raison de 200.000 fr., capital dont la rente, à 5 pour 100, est de 10.000 fr.;

ci, par quintal de fonte................. 1 11

Intérêt d'un fonds de roulement annuel d'environ 200.000 fr., savoir :

Pour achat de minerais.....	43.000 fr.
Pour achat de fondans, dits *Castine*................	1.200
Pour transport des minerais et fondans...............	18.000
Pour achat de bois.......	108.000
Pour dressage et charbonnage.	4.950
Pour transport du charbon..	13.500
Pour ouvriers des hauts-fourneaux...............	3.600
Pour frais de régie et de bureaux................	5.400
TOTAL....	197.650 fr.

Pour intérêt à 6 pour 100 de ce fonds, intérêt du commerce, en total 12.000 fr.;

ci, par quintal de fonte............... 1 33

TOTAL..... 25 fr. 05 c.

Bénéfice de l'industrie,

à 12 pour 100 du prix de fabrication ci-dessus d'un qal. de fonte, qui est de 25 fr. 5 c.;

ci, par quintal métrique de fonte......... 3 »

TOTAL...... 28 fr. 05 c.

Il sera facile d'appliquer à cet exemple les réflexions qui ont été présentées ci-dessus, au sujet de l'exemple relatif à la fabrication du fer par le moyen du charbon de bois et du marteau.

Exemple indicatif du prix de fabrication d'un quintal métrique de fonte, par le moyen de la houille, dans le département de l'Isère, à Vienne.

Prix de fabrication de la fonte, au Coke.

Soit un haut-fourneau produisant par année 15.000 quint. mét. de fonte blanche pour fer.

Voici les élémens du prix de cette fonte:

Minerais,

Provenant de la Voulte (Ardèche), de Villebois (Ain), d'Autrey (Haute-Saône), et des houillères de la Loire;

Il faut 4 parties de minerais bruts pour obtenir 3 parties de minerais préparés par le grillage au *Coke*, ce qui produit une partie de fonte;

On peut estimer les minerais bruts à 75 c. le qal. m., d'où pour les 4 quintaux	3 fr.	»	
Par quintal de minerais préparés, il faut 1/4 de quintal de *Coke* provenant de 1/2 qal. de houille, laquelle coûte sur le lieu 1 fr. 50 c. le qal. mét.;			
Ainsi, pour 3 quintaux de minerais préparés, houille	2	25	
Par quintal de minerais préparés, on peut compter environ 25 centimes de main-d'œuvre pour le grillage;			
Ainsi, pour 3 quintaux de minerais préparés, main-d'œuvre.	»	75	
Total.	6 fr.	» c.	
d'où le quintal de minerais préparés revient à 2 francs;			
ci, pour 3 qx., par quintal de fonte.			6 fr. »
A reporter.			6 fr. »

Report. 6 fr. » c.

Fondans, dits *Castine* ou *Erbue*;

Il faut 1 quintal de *Castine* pour 4 quintaux de ces minerais préparés dont on emploie 45.000 quintaux;

Il faut donc 11.250 quintaux de *Castine*; c'est par quintal de fonte obtenu 3/4 de quintal de *Castine*, à 20 c. le quintal;

ci, par quintal de fonte. . . . . » 15

Transport des minerais bruts et fondans,

à raison de 25 c. par quintal métrique;
Pour 71.500 qx. à transporter, savoir:

Minerais bruts . .	60.000 qx.
Fondans.	11.500
Total.	71.500 qx.,

dont le quart est 17.875;

ci, par quintal de fonte. 1 19

Houille;

Il faut 5 parties de houille brute, donnant 2 parties 1/2 de *Coke*, pour obtenir une partie de fonte blanche pour fer;

Le quintal de houille coûte à St.-Étienne 60 c., à Rive-de-Gier 1 fr.; l'un ou l'autre, rendu à l'usine, revient à 1 fr. 50 c.

Ainsi, le quintal métrique de *Coke* coûte 3 fr. dans l'usine, prix d'achat, sans la préparation qui sera comptée à l'article des ouvriers;

Il faut 37.500 quintaux mét. de *Coke*;
ci, par quintal de fonte. 7 50

Ouvriers,

Fondeurs, préparateurs de *Coke* pour le

A reporter. 14 fr. 84 c.

Report. 14 fr. 84 c.

haut-fourneau, et aides, à raison de 3.000 fr. de salaires en tout;

ci, par quintal de fonte.................. » 20

Frais de régie et de bureaux,

à raison de 5.000 fr. pour le tout;

ci, par quintal de fonte.................. » 33

Entretien de l'usine, contributions, etc.,

à raison de 10.000 francs pour le tout;

ci, par quintal de fonte.................. » 66

Intérêt de la valeur actuelle d'un tel établissement,

à raison de 500.000 fr., capital dont la rente, à 5 pour 100, est de 25.000 fr.;

ci, par quintal de fonte................ 1 66

Intérêt d'un fonds de roulement annuel de 230.625 fr., savoir:

Pour minerais préparés...	90.000 fr.
Pour achat de fondans. . .	2.250
Pour transport des minerais et fondans..........	17.875
Pour houille et *Coke*....	112.500
Pour salaires d'ouvriers...	3.000
Pour frais de régie et de bureaux..............	5.000
TOTAL....	230.625 fr.

Intérêt à 6 pour 100 de ce fonds, intérêt du commerce, en total 13.800 fr.;

ci, par quintal de fonte........... » 92

A reporter. . 18 fr. 61 c.

Report. 18 fr. 61 c.

Bénéfice de l'industrie,

à 12 pour 100 du prix de fabrication d'un quintal métrique de fonte à la houille, qui est de 18 fr. 61 c.;

ci, par quintal de fonte. 2 22

TOTAL. 20 83

Exemple indicatif du prix de fabrication d'un quintal métrique de fer en grosses barres, de première qualité, fabriqué à la houille et au laminoir, dans le département de la Nièvre.

Soit une usine dans laquelle on fabrique annuellement 48.000 quintaux métriques de fer, telle que l'usine de Fourchambault. (*Voyez le Tableau* n°. 3, page 22.) Prix de fabrication du fer, à la houille.

Voici quels sont les élémens du prix de ce fer.

Achat de Fonte de fer,

de 1re. qualité, de Franche-Comté ou de Berry, à 29 fr. le quintal mét. rendu à l'usine,

à raison de 1.350 parties de fonte pour 1.000 de fer obtenu, ce qui, pour 64.800 qx. mét. de fonte, valant 1.879.200 fr., fait

par quintal de fer fabriqué. . . . . 39 fr. 15 c.

Houille,

de St.-Étienne, à 3 fr. le quintal mét. rendu à l'usine, en total 115.200 quintaux, valant 345.600 francs,

à raison de 2 parties 4/10 de houille pour 1 partie de fer, ainsi qu'on va le voir :

Report. 39 fr. 15 c.

Report. 39 fr. 15 c.

Pour 10 quintaux métriques de fer obtenus à la houille, on consomme :

Dans la préparation dite *finage* de la fonte.	4 hect. de houille.		
Dans la première opération des cylindres, dite *pudlage*. .	17		
Dans l'opération ultérieure, dite *laminage*.	8		
Pour la machine à vapeur, qui procure le mouvement aux cylindres.	3		
TOTAL	32 hectolitres,		
dont chacun pèse 75 kilogrammes = 3/4 de quintal métrique de houille, ce qui fait, par quintal métrique de fer obtenu, 2,q[x]4 de houille consommés, ci.		7	20 c.

Ouvriers,

pour les machines, le *finage*, le *pudlage* et *laminage*,

à 2 fr. 50 c. par quintal métr., savoir :

Pour le *pudlage* seul. . . .	1 fr.	25 c.
Pour le reste	1	25
TOTAL.	2	50 c. ;

ci, par quintal de fer.	2	50

Frais de régie et de bureaux,

à raison de 24.000 fr. pour tout l'établissement ;

ci, par quintal de fer.	»	50

A reporter. 49 fr. 35 c.

Report. 49 fr. 35 c.

Entretien de l'usine et des machines, contributions, etc.,

à raison de 12.000 fr. pour le tout ;

ci, par quintal de fer. . . . . » 25

Intérêt de la valeur d'un tel établissement,

à raison de 960.000 fr., capital dont la rente, à 5 pour 100, est de 48.000 fr. ;

ci, par quintal de fer. . . . . 1 »

Intérêt d'un fonds de roulement annuel, d'environ 2.400.000 fr., savoir :

Pour achat de fonte.	1.879.200 fr.
Pour achat de houille.	345.600
Pour ouvriers.	120.000
Pour frais de régie.	24.000
TOTAL.	2.368.800 fr.

Pour intérêt à 6 pour 100 de ce fonds, intérêt du commerce, en total 142.200 fr. ;

ci, par quintal de fer. 2 96

TOTAL. 53 56

Bénéfice de l'industrie,

à 12 pour 100 du prix de fabrication d'un quintal métrique de fer à la houille, qui est de 53 fr. 56 c. ;

ci, par quintal de fer. 6 42

TOTAL. . . . . 59 fr. 98 c.

Cet exemple explique, par un calcul suffisamment approximatif, pourquoi le prix d'un quintal métrique de fer fabriqué à la houille s'élève à 60 fr. dans l'usine que nous venons de considérer. Ce haut prix dépend principalement de trois causes que voici : la première est le renchérissement, ci-dessus expliqué, de la fonte de fer obtenue par le moyen du charbon de bois ; la seconde cause est le prix du transport de la houille qui, ne coûtant sur les mines du département de la Loire que 60 à 75 centimes, revient, rendue à l'usine de Fourchambault, à 3 fr. le quintal métrique. La troisième cause consiste en ce que, vu la nécessité où l'on s'est trouvé de tirer à grands frais des ouvriers de l'Angleterre, qui se font chèrement payer, et de former à grands frais des ouvriers français, la main-d'œuvre, pour l'affinage à la houille et l'étirage au laminoir, coûte jusqu'à présent plus cher que la fabrication au charbon de bois, quand on ne veut livrer au commerce que des fers laminés avec une grande précision, comme le fait l'usine de Fourchambault. Ces trois inconvéniens doivent diminuer avec le temps, à mesure que la fonte de fer sera obtenue plus abondamment en France, et à meilleur marché, par le moyen de la houille, à mesure que les communications, et principalement la navigation sur la Loire, seront rendues plus faciles et moins coûteuses, enfin, à mesure que le nouveau procédé d'affinage à la houille et d'étirage au laminoir sera plus complétement naturalisé en France.

Exemple indicatif du prix de fabrication d'un quintal métrique de fer, de première qualité, en grosses barres, obtenu directement du minerai dans les forges catalanes, par le moyen du charbon de bois et du marteau.

Soit une forge produisant 1.000 quintaux métriques de fer par année.

Prix de fabrication du fer, dans les forges catalanes.

Voici quels sont les élémens du prix de ce fer:

	fr.	c.
Minerais ; Il faut 4 quintaux métriques de minerais bruts, qui se réduisent à 3 quintaux de minerais préparés, pour obtenir 1 qal. de fer, à raison de 1 fr. le qal. de minerais bruts; ci, pour un quintal de fer fabriqué.	4	»
Transport des minerais à l'usine, et préparation, à raison de 1 fr. par qal. de minerais bruts; ci, par quintal de fer.	4	»
Charbon de bois; Il faut, terme moyen, 3 parties 3/4 de charbon de bois, pour 1 partie de fer, en tout 2 cordes 1/2 de bois, à 12 fr. prix d'achat, en supposant le même prix que page 50; ci, par quintal de fer.	30	»
Abattage du bois et transport, Pour mémoire. (*Voyez ci-dessus*, page 51.)	»	»
Dressage et charbonnage, à raison de 50 c. par corde; ci, par quintal de fer.	1	25
Transport du charbon à l'usine, à raison de 1 fr. par quintal de fer, ci.	3	75
A reporter.	43 fr.	00 c.

		fr.	c.
	Report.	43 fr.	00 c.
Ouvriers, Forgerons et aides, tout compris, à raison de 6 fr. 10 c. par qal. de fer, ci..		6	10
Frais de régie et de bureaux, à raison de 1.500 fr. par an pour toute l'usine; ci, par quintal de fer.		1	50
Entretien de l'usine et contributions, etc. à raison de 2.000 fr. par an, pour le tout; ci, par quintal de fer.		2	»
Intérêt de la valeur actuelle d'un tel établissement, à raison de 50.000 fr., capital dont la rente, à 5 pour 100, est de 2.500 francs; ci, par quintal de fer.		2	50

Intérêt d'un fonds de roulement annuel de 50.600 fr., savoir :

Pour achat de minerais....	4.000 fr.
Pour transport des minerais..	4.000
Pour achat de bois.	30.000
Pour dressage et charbonnage.	1.250
Pour transport du charbon.	3.750
Pour salaires d'ouvriers. . .	6.100
Pour frais de régie et de bureaux.	1.500
TOTAL.	50.600 fr.

A reporter. 55 fr. 10 c.

	Report.	55 fr.	10 c.
Pour intérêt à 6 pour 100 de ce fonds, en total 3.036 fr. ci, par quintal de fer.		3	03
	TOTAL.	58 fr.	13 c.

Bénéfice de l'industrie,

à 12 pour 100 du prix de fabrication d'un quintal métrique de fer des forges catalanes, qui est de 58 fr. 13 c., si le prix des bois, dans le midi de la France, est le même qu'à l'est du Royaume (*voyez pag.* 50 *et* 53); ci, par quintal de fer.		6	96
	TOTAL.	65 fr.	09 c.

Revenons maintenant sur les plaintes susmentionnées, des consommateurs de fer; essayons d'apprécier ces plaintes d'après les faits qui viennent d'être exposés, et pour cela, considérons les forges de la France dans leurs rapports avec les forêts du Royaume. Tel est l'objet des calculs suivans, dont il ne sera pas inutile de consigner ici les données, en même temps que les résultats. Rapports des forêts avec les usines à fer.

L'étendue totale des forêts de la France est de. . . . . Hectares. 6.521.470

(*Voyez Mémorial des forêts, par M. Herbin de Halles. Paris*, 1825, p. 10.)

Ces forêts sont possédées, savoir :

	Hectares.
Par le Domaine de l'État, pour	1.122.096
— les Communes et Etablissemens publics	1.903.492
— le Domaine de la Couronne.	65.969
— les Princes de la Famille Royale	192.396
— les Particuliers	3.237.517
TOTAL comme ci-dessus. .	6.521.470

A reporter. 6.521.470

Report. 6.521.470

La quinzième partie de cette étendue totale consiste en futaie, ci un quinzième à soustraire. . . . 434.764

RESTE. 6.086.706

Le quart des bois des communes et établissemens publics est mis en réserve, ci, pour le quart de 1.903.492 hectares, à soustraire. . . 475.873

RESTE en bois susceptible de coupe annuelle. 5.610.833

Coupe annuelle des forêts.

Si l'on suppose le bois coupé à vingt ans, terme moyen, ce reste (5.610.833) donne à couper par année 280.541 hectares.

On peut admettre, à ce qu'il paraît, d'après les renseignemens qu'il m'a été possible de recueillir, que :

Un quart de cette étendue consiste en forêts de bonne qualité, qui donnent par hectare, en cordes de 80 pieds cubes, usitées dans les forges (et contenant chacune, en stères ou mètres cubes, 2st.,74218). . . . . 70 cordes ;

Un quart de qualité inférieure. . 35 ;
Un quart de médiocre qualité.. . 20 ;
Un quart de mauvaise qualité.. . 15.

On peut également supposer toute autre combinaison, analogue à ce terme moyen. Ainsi, la totalité de la coupe annuelle ci-dessus peut être considérée comme fournissant par hectare 35 cordes de 80 pieds cubes, qui équivalent à 22 cordes forestières, de 128 pieds cubes, d'où l'on voit que le produit annuel des coupes peut être estimé à 9.804.928 cordes de 80 pieds cubes, qui représentent 6.163.097 cordes forestières, de 128 pieds cubes (ces dernières contenant chacune en stères ou mètres cubes, 4st.,3875).

Ce total de coupe annuelle s'accorde assez bien avec le terme moyen des évaluations publiées dans plusieurs ouvrages de Statistique, pour une époque où la France possédait plusieurs départemens, riches en forêts, qui n'en font plus partie.

(*Voyez Statistique élémentaire de la France*, par Peuchet. Paris 1805, pages 302 et 580.)

Or, nous avons déjà vu que chaque corde de 80 pieds cubes fournit un quintal métrique et demi, de charbon de bois;

Bois employé pour les usines.

De plus, nous savons que :

1°. Pour obtenir 1.561.402 quintaux métriques de fonte de fer, par le charbon de bois, produit annuel de la France, il faut en charbon de bois mêlés, à raison de 1 partie 1/2 de charbon pour 1 de fonte obtenue. . . . . 2.342.103 qx. mét.

2°. Pour obtenir 569.540 quintaux métriques de fer fabriqué avec la fonte, par le charbon de bois, produit annuel de la France, il faut en charbon de bois mêlés, à raison de 1 partie 3/4 de charbon pour 1 de fer obtenu. 996.695

3°. Pour obtenir 93.470 quintaux métriques de fer, produit annuel de la France, provenant directement du minerai dans les forges catalanes, au moyen du charbon de bois, il faut en

A reporter. 3.338.798 qx. mét.

Report. 3.338.798 qx. mét.

charbon de bois mêlés, à raison de 3 parties 3/4 pour 1 de fer obtenu. . . . 350.512

TOTAL du charbon de bois, nécessaire au service des hauts-fourneaux et forges de la France. . . . . 3.689.310 qx. mét.

Ce total exige 2.462.207 cordes de bois, de 80 pieds cubes.

Ainsi, l'on est porté à estimer que l'activité des usines à fer, considérées seulement quant à la production de la fonte brute, et du fer forgé en grosses barres, obtenus par le moyen du charbon de bois, absorbe annuellement le quart du produit des coupes de bois de toute la France ; cette activité procure par conséquent, à l'ensemble des propriétaires de bois, le quart du revenu net qui provient de ce genre de propriété.

Revenu net des forêts.

D'après le budget de 1826 (*Loi du* 13 *Juin* 1825, *Bul.* n°. 42, p. 415 et 422, *État E*), le revenu des forêts du Domaine de l'État est estimé, sans compter quelques produits accessoires, à . . . . 20.800.000 fr.
et les dépenses de l'Administration des Forêts à. 3.559.000

Différence, ou revenu net des forêts du Domaine de l'État. 17.241.000

Si l'on estime sur le même pied, mais proportionnellement à l'étendue, le revenu brut, et ensuite le revenu net des forêts du Domaine de la Couronne, qui ainsi que celles de l'État ne sont point passibles de la contribution foncière, on trouve que, pour une étendue de 65.969 hectares, les

A reporter. 17.241.000

Report. 17.241.000 fr.

forêts du Domaine de la Couronne peuvent procurer un revenu brut de 1.222.683 fr.
et supporter une dépense de 209.208

d'où peut résulter un revenu net de. . . . . 1.013.475, ci 1.013.475

Quant au surplus des forêts, qui est passible de la contribution foncière, l'étendue totale est de 5.333.405 hect. Si l'on en calcule le revenu brut d'après celui des forêts de l'Etat, on trouve que :

Le revenu brut des forêts imposables est de . . . . 98.863.756 fr.

d'où à soustraire un tiers pour contribution foncière, frais de garde et d'aménagement, ci. 32.954.585

Reste en revenu net des forêts imposables. . . . . 65.909.171, ci 65.909.171

Ce dernier nombre est suffisamment d'accord avec le *Mémorial statistique des forêts du Royaume*, pour 1825, qui évalue le revenu net des bois taillis, imposables, du Royaume à 64.707.485 fr., pour une étendue de 5.179,041 hectares.

Ainsi, le revenu net de toutes les forêts du Royaume peut être évalué à . . . . 84.163.646 fr.

L'activité des usines à fer, considérées comme il a été dit, procure donc annuellement, à l'ensemble des propriétaires de ces forêts, un revenu net qui est le quart de cette somme, c'est-à-dire 21.040.911 fr.

Voyons maintenant quel revenu net on peut estimer que ces mêmes usines à fer procurent annuellement aux propriétaires ou aux entre- Revenu net des usines à fer.

preneurs de ces établissemens, tant pour la valeur de la propriété foncière, que pour l'industrie de *maître de forge*, en faisant abstraction, pour le moment, des capitaux qui s'y appliquent; car il ne faut pas confondre ces quatre qualités, de propriétaire d'une usine à fer, de capitaliste, d'entrepreneur ou *maître de forge*, et de propriétaire de forêts, quatre qualités qui peuvent être ou réunies dans une même personne, comme elles le sont quelquefois, ou divisées entre plusieurs, comme cela se voit le plus souvent.

D'après les faits ci-dessus exposés par des exemples, le revenu que nous cherchons, pour les propriétaires d'usines à fer et maîtres de forges, est tel qu'il suit :

Par quintal de fer fabriqué au charbon de bois avec la fonte,

Pour intérêt de la valeur de la propriété foncière........	3 fr.	33 c.
Pour bénéfice de l'industrie	7	51
Revenu total..........	10 fr.	84 c.

Par quintal de fonte obtenu au charbon de bois,

Pour intérêt de la valeur de la propriété foncière...........	1 fr.	11 c.
Pour bénéfice de l'industrie......	3	»
Revenu total............	4 fr.	11 c.

Par quintal de fer fabriqué dans les forges catalanes,

Pour intérêt de la valeur de la propriété foncière	2 fr.	50 c.
Pour bénéfice de l'industrie......	6	96
Revenu total...............	9 fr.	46 c.

Sur les 1.614.402 qx. mét. de fonte brute, que produit la France par année, 53.000 qx. mét. seulement sont obtenus par le moyen de la houille. Ainsi, 1.561.402 qx. mét. sont obtenus par le moyen du charbon de bois, ci . . . . 1.561.402 qx. mét.

d'où soustrayant 854.310 qx. mét. employés pour la fabrication de 569.540 qx. mét. de fer affiné au charbon de bois, ci 854.310

On trouve qu'il reste. . . . 707.092 qx. mét.

de fonte brute, destinée à d'autres emplois.

Il faut de plus se rappeler que les forges catalanes, sans employer de fonte, fabriquent annuellement 93.470 quintaux métriques de fer, obtenus directement du minerai.

En appliquant à chacune de ces quantités de fer et de fonte brute le revenu total, calculé ci-dessus, on trouve :

Pour 569.540 qx. mét. de fer, à 10 fr. 84 c. de revenu par quintal mét..	6.173.013 fr.
Pour 707.092 qx. mét. de fonte brute, à 4 fr. 11 c. de revenu par quintal métrique.	2.906.148
Pour 93.470 qx. mét. de fer des forges catalanes, à 9 fr. 46 c. de revenu par quintal métrique. .	884.226
TOTAL de revenu. . . .	9.965.387 fr.

Comparaison du revenu net des forêts et des usines.

En soustrayant du revenu net des forêts, déjà trouvé p. 71 qui est de. . . . 21.040.911fr.
le total ci-dessus du revenu des usines à fer, ci. 9.963.387

On trouve la différence. . . . . 11.077.524fr.

On voit donc que le revenu net des usines à fer, allant au bois, y compris le bénéfice de cette industrie spéciale, est moindre d'environ onze millions de francs, que le revenu net qui est procuré à tout l'ensemble des propriétaires de forêts, par l'activité de ces mêmes usines à fer.

Ainsi, les propriétaires de forêts, sans avoir besoin, comme les propriétaires d'usines, ni d'exercer une industrie toute spéciale, ni d'employer de grands capitaux, et sans courir par conséquent les mêmes risques, obtiennent cependant, de l'activité de ces établissemens consommateurs de bois, plus de deux fois autant de revenu, que les propriétaires d'usines à fer. Il faut en conclure que c'est principalement aux propriétaires de bois, que profite le renchérissement du fer. En vain dirait-on que l'activité des usines à fer ne profite aux propriétaires de forêts que dans les contrées qui possèdent de tels établissemens; car, il est évident que, dans les lieux même les plus éloignés des forges, les propriétaires de forêts, trouvant un débouché plus facile de leur bois, à cause de l'activité de ces établissemens, profitent de la hausse des prix, qui se répand de proche en proche, à partir des principaux lieux de consommation. Ce n'est donc pas aux propriétaires d'usines ou aux maîtres de forge, que l'on peut reprocher le renchérissement des fers ; ce que l'on nomme la *question du prix des fers* est, à proprement parler, la *question du prix des bois.*

Si le prix du bois diminuait de moitié, c'est-à-dire, si la corde coûtait encore 6 francs, comme il y a peu d'années,

Le prix du quintal métrique de fer, fabriqué avec la fonte et le charbon de bois, étant calculé d'après les données précédentes, serait :

Pour le prix de fabrication, sans le bénéfice du fabricant.	46 fr. 61 c.
Plus pour ce bénéfice, à 12 pour 100 du prix de fabrication.	5 58
TOTAL par quintal métrique de fer.	52 fr. 19 c.

Le prix du quintal métrique de fonte obtenue par le moyen du charbon de bois serait :

Pour le prix de fabrication, sans le bénéfice du fabricant.	19 fr. 1 c.
Plus pour ce bénéfice, à 12 pour 100 du prix de fabrication.	2 28
TOTAL par quintal mét. de fonte. .	21 fr. 29 c.

Le prix du quintal métrique de fer obtenu des forges catalanes, au charbon de bois, serait :

Pour le prix de fabrication, sans le bénéfice du fabricant.	43 fr. 13 c.
Plus pour ce bénéfice, à 12 pour 100 du prix de fabrication.	5 16
TOTAL par quintal métr. de fer. . . .	48 fr. 29 c.

(*Voyez les exemples*, page 49 et suiv.)

Alors, le revenu total de cette industrie, étant calculé d'après les mêmes considérations que ci-dessus, deviendrait tel qu'il suit :

Par quintal métrique de fer fabriqué avec la fonte et le charbon de bois,

Pour intérêt de la valeur de la propriété foncière	3 fr. 33 c.
Pour bénéfice de l'industrie	5 58
Total	8 fr. 91 c.

Par quintal métrique de fonte obtenue par le moyen du charbon de bois,

Pour intérêt de la valeur de la propriété foncière	1 fr. 33 c.
Pour bénéfice de l'industrie	2 28
Total	3 fr. 61 c.

Par quintal métrique de fer obtenu des forges catalanes, au charbon de bois,

Pour intérêt de la valeur de la propriété foncière	2 fr. 50 c.
Pour bénéfice de l'industrie	5 16
Total	7 fr. 66 c.

Dans cette même hypothèse, on trouverait les résultats suivans :

Pour 569.540 qx. mét. de fer, à 8 f. 91 c. de revenu par quintal . .	5.066.601 fr.
Pour 707.092 qx. mét. de fonte, à 3 fr. 61 c. de revenu, *id.*	2.552.602
Pour 93.470 qx. mét. de fer des forges catalanes, à 7 fr. 66 c. de revenu, *id.*	715.980
Total de revenu pour la fabrication du fer au charbon de bois et de la fonte brute destinée à d'autres emplois.	8.335.183 fr.

Ainsi, dans l'hypothèse précédente, le revenu total des usines à fer allant au bois, au lieu d'être, comme nous l'avons trouvé ci-dessus, pour le moment actuel. . . . . 9.963.387 fr.
serait de. . . . . 8.335.183.

Différence. . . . . 1.628.204 fr.

Mais, dans cette même hypothèse, le prix des bois étant réduit à moitié de ce qu'il est aujourd'hui, le revenu total des propriétaires de forêts, que nous avons trouvé être, par les usines à fer, de... . . . . 21.040.911 fr. » c.
serait réduit de moitié. . . . 10.520.455 50

Différence . . . . . . 10.520.455 fr. 50 c.

D'où l'on voit que, dans le renchérissement actuel des fers, les propriétaires de forêts ont un intérêt qui est plus de six fois aussi grand, que celui que les propriétaires des usines à fer peuvent avoir à ce renchérissement ; car le rapport du premier intérêt au second est le même que celui des deux différences sus-énoncées, c'est-à-dire, comme 6,46 : 1.

Les seules barrières qui puissent désormais contenir les uns et les autres sont, d'une part l'existence des droits d'entrée, tels qu'ils sont établis sur les fers étrangers par la loi de 1822, puisque nous avons vu que la limite posée par les tarifs est à-peu-près atteinte, et d'autre part, la fabrication de la fonte par le moyen de la houille carbonisée, dite *Coke*.

A cet égard, nous avons déjà indiqué ce qui se prépare en France. On peut estimer que 30 à à 35 millions de francs, somme égale à celle des capitaux déjà versés dans la fabrication du fer à la houille, sont sur le point d'être engagés, et sont même déjà en partie employés dans cette fabrication de la fonte. Du succès de ces grandes entreprises, succès qu'il est permis d'espérer, il doit résulter, d'ici à quelques années, une baisse dans le prix des bois, et par suite une baisse dans le prix des fontes et fers, fabriqués au charbon de bois; mais ces entreprises ont besoin d'encouragemens très-marqués, et de la protection spéciale du Gouvernement. Il importe de faciliter les moyens de transport, aux masses énormes de matières, qu'exigent de tels établissemens. Il importe sur-tout d'affranchir ces matières des droits de navigation qui pèsent sur le transport des minerais, de la houille, en un mot, de tout le matériel des usines à fer. Le Trésor sera amplement dédommagé de quelques sacrifices pécuniaires, par le développement d'une industrie nouvelle.

Si, au lieu d'employer ces moyens paisibles qu'indique la nature des choses, on diminuait brusquement les droits d'entrée sur les fontes et fers étrangers, dans l'espérance de venir au secours des consommateurs de ce métal, on ruinerait les forges anciennes allant au bois, on ferait avorter les établissemens nouveaux d'usines à fer allant à la houille, établissemens qui n'ont pu s'élever que sur la foi d'une loi existante; on causerait une perte énorme aux propriétaires de bois, et par conséquent au Trésor public. Pour un grand nombre d'agriculteurs, qui sont en même temps propriétaires de bois et propriétaires de minerais, et qui trouvent le débouché de leurs denrées dans les contrées que vivifient les forges, la recette se trouverait alors plus diminuée que la dépense; car, s'il faut du fer pour procurer à l'agriculture le soc de la charrue et tous ses autres instrumens, il faut à l'agriculture des hommes pour consommer le blé et les autres denrées qu'elle fournit. Ce ne serait donc pas sans de graves inconvéniens pour les consommateurs de fer, et particulièrement pour l'agriculture, que par la ruine des forges françaises on priverait de travail environ 70.000 hommes qui ne vivent que de salaires dus à l'activité des usines à fer.

Valeur du produit brut des usines.

Quelques considérations déduites des faits ci-dessus exposés achèveront de faire sentir l'influence que les usines à fer de la France exercent sur la prospérité du Royaume. D'après ce que nous avons déjà vu, on peut estimer la valeur totale qui est produite annuellement par ces usines, ainsi qu'il suit :

1°. Pour 569.540 quintaux métriques de fer en grosses barres, fabriqué par le moyen de la fonte et du charbon de bois, à raison de 65 francs par quintal métrique (prix moyen) . . . . 37.020.100 fr.

2°. Pour 110.392 quintaux mét. de fonte au charbon de bois, produite en France, quantité qui reste du produit total, après

A reporter. 37.020.100 fr.

Report. 37.020.100 fr.

qu'on en a soustrait la fonte obtenue par le moyen de la houille carbonisée, et que, sur le reste, on a prélevé ce qu'exige l'affinage tant au bois qu'à la houille, à 28 fr. le q^al. mét. (prix moyen) 3.090.976

3°. Pour 53.000 quintaux métriques de fonte à la houille carbonisée, quantité qui, ainsi que la précédente, peut être considérée comme réservée sur le produit total, pour la fabrication de la fonte moulée, à 28 fr. le q^al. mét. (prix moyen). 1.484.000

4°. Pour 442.000 quintaux métriques de fer affiné par le moyen de la houille, quantité que l'on peut considérer comme résultant exclusivement de 596.700 quintaux métriques de fonte au charbon de bois, qui, à 28 fr. le q^al. m., valent 16.707.600 fr., ci à 58 fr. par quintal métrique de fer (prix moyen).. .... 25.636.000

5°. Pour 93.470 quintaux métriques de fer obtenu des forges catalanes, à 65 fr. le quintal métrique (prix moyen). 6.075.550

TOTAL....... 73.306.626 fr.

Ainsi, un capital de 73 millions est annuellement créé sur le sol de la France dans ces mêmes usines à fer, qui fournissent le travail à 70.000 ouvriers, et cela seulement pour la fabrication de la fonte et du fer en grosses barres, sans parler de l'industrie manufacturière qui s'applique ensuite à ces objets, pour en augmenter la valeur.

C'est ici le lieu de remarquer que, pour chaque million de la valeur du produit brut des mines et usines à fer, le travail est assuré à 1000 hommes, ou en d'autres termes, que le travail de chaque homme dans ce genre d'industrie procure à-peu-près 1000 francs de produit brut, somme égale à ce que coûte un soldat par année. Ce résultat général est d'accord avec ceux qui sont exposés dans l'ouvrage intitulé *De la Richesse minérale*. (*Voyez cet ouvrage*, Paris, 1810 et 1819.)

Le capital sus-mentionné, de 73.306.626 francs, se distribue entre les diverses parties prenantes qui concourent à l'activité des usines à fer, ainsi que nous allons essayer de l'indiquer par des nombres, d'après les divers élémens qui contribuent à créer ce capital.

N°. 7. *Tableau indicatif de la répartition d'une valeur en francs*

La valeur de l'un des cinq produits sus-énoncés étant représentée par le nombre 1,
parties prenantes, ainsi qu'on va le voir, par des

ÉLÉMENS dont se compose la valeur des cinq produits ci-contre, en Fer et Fonte :	PARTIES prenantes entre lesquelles se distribue la valeur des produits ci-contre :
Achat de minerais..................	Propriétaires du sol, ou des mines et minières, et les ouvriers..................
Achat de fondans, dits *Castine* ou *Erbue*.	Propriétaires du sol, ou des carrières, et les ouvriers..........................
Transport des minerais et fondans.....	Voituriers, tant par terre que par eau.....
Achat de bois......................	Propriétaires des forêts, et pour mémoire les ouvriers, qui sont payés de l'abattage des bois par les fagots obtenus..........
Dressage et charbonnage des bois......	Bûcherons et charbonniers...............
Transport du charbon de bois aux usines à fer..............................	Voituriers..............................
Achat de fonte.....................	Propriétaires des mines, minières et forêts, ouvriers, voituriers, et propriétaires de hauts-fourneaux, chacun dans le rapport indiqué par la colonne intitulée : Fonte de fer au charbon de bois.............
Achat de houille, tant pour les forges à l'anglaise que pour les hauts-fourneaux allant au *Coke*...............	Propriétaires et ouvriers des mines de houille, et voituriers.......................
Ouvriers des usines à fer.............	Ouvriers employés, tant pour les hauts-fourneaux que pour les feux d'affinerie, soit au charbon de bois, soit à la houille.....
Frais de régie et de bureaux...........	Employés, écrivains et agens de commerce.
Entretien des usines à fer............	Maçons, charpentiers, etc..............
Intérêt de la valeur de la propriété des usines............................	Propriétaires des usines à fer...........
Intérêt des fonds de roulement........	Capitalistes, soit Maîtres de forge, soit autres.
Bénéfice de l'industrie de Maître de forge, calculé à 12 pour 100 du prix de fabrication.....................	Maîtres de forge, soit propriétaires, soit fermiers..........................
	Somme des fractions de *millième* négligées..
	TOTAUX.........

[…]nnuellement créée par l'activité des Usines à fer du Royaume.

[…]ette valeur, d'après les élémens dont elle se compose, se distribue entre les diverses […]ractions exprimées en *millièmes* de l'unité.

[…] au charbon de […], provenant de la fonte […] charbon de bois.	FONTE de fer, au charbon de bois.	FONTE de fer, à la houille carbonisée, dite *Coke*.	FER à la houille, obtenu de la fonte.	FER au charbon de bois, obtenu des minerais, sans fonte, dans les forges catalanes.
0,103	0,172	0,288	»	0,061
0,002	0,004	0,007	»	»
0,043	0,071	0,057	»	0,061
0,462	0,428	»	»	0,459
0,021	0,019	»	»	0,019
0,057	0,053	»	»	0,057
»	»	»	0,651	»
»	»	0,360	0,120	»
0,053	0,014	0,009	0,041	0,092
0,026	0,021	0,016	0,008	0,023
0,029	0,023	0,031	0,004	0,030
0,048	0,039	0,079	0,016	0,038
0,046	0,047	0,044	0,049	0,050
0,107	0,107	0,106	0,107	0,106
0,003	0,002	0,003	0,004	0,004
1.	1.	1.	1.	1.

Répartition de la valeur du produit brut des usines.

D'après ce tableau, et d'après les valeurs admises (p. 79 et 80), on peut calculer que le capital trouvé ci-dessus, de 73.306.626 fr., qui est annuellement créé par l'activité des usines à fer, se distribue entre les propriétaires, les ouvriers, les maîtres de forge, et autres, de la manière et dans les quotités suivantes.

Le capital 73.306.626 francs étant représenté par 1, les parts sont exprimées par ces fractions :

0,109	Pour achat de minerais : car, la somme distribuée, pour cet objet, parmi les propriétaires du sol, des mines et minières, et les ouvriers, est de.......	8.016.426 fr.
0,002	Pour achat de fondans : parmi les propriétaires du sol, des carrières, et les ouvriers............	163.622
0,047	Pour transport des minerais et fondans : la somme distribuée parmi les voituriers, tant par terre que par eau, est de	3.452.760
0,386	Pour achat de bois : parmi les propriétaires de forêts	28.365.754
	Pour abattage des bois destinés aux usines à fer, seulement *Mémoire*, attendu que, dans les usines en général, les bûcherons employés à ce travail sont payés par la valeur des fagots obtenus, ainsi que nous l'avons dit ailleurs, page 389. Si l'on voulait estimer ces salaires, à raison de 1 pour 100 du prix des bois abattus pour le service des usines à fer, on pourrait en évaluer la somme à 283.687 fr. répandus annuellement parmi les bûcherons employés pour ces établissemens.	»
0,017	Pour dressage et charbonnage : parmi les bûcherons et charbonniers..	1.269.030
0,047	Pour transport du charbon : parmi les voituriers.................	3.505.776
0,049	Pour achat de houille nécessaire aux forges et aux hauts-fourneaux qui emploient ce combustible : parmi les propriétaires et ouvriers des mines de houille et voituriers	3.610.560
0,657	*A reporter*.	48.383.928

Rep. 0,657	*Report.*	48.383.928
0,052	Pour salaires d'ouvriers dans les usines, devant les hauts-fourneaux et les feux d'affinerie : somme distribuée.........	3.862.628
0,023	Pour frais de régie et de bureaux : — parmi les employés, écrivains et agens de commerce......................	1.746.862
0,025	Pour entretien des usines : — parmi les maçons, charpentiers, etc.	1.859.764
0,045	Pour intérêt de la valeur de la propriété : parmi les propriétaires d'usines à fer..	3.307.391
0,058	Pour intérêt des fonds de roulement : parmi les capitalistes, soit maîtres de forge, soit autres..................	4.258.695
0,131	Pour bénéfice de l'industrie : — parmi les maîtres de forge, soit propriétaires, soit fermiers..............	9.623.963
	TOTAL...............	73.043.232 fr.
0,003	Pr. différence provenant de fractions négligées dans la longue série des calculs..	263.394
0,006....	Somme des fractions de *millième* négligées.	
TOT. 1	TOTAL comme ci-dessus.	73.306.626 fr.

Martinets, fenderies et ateliers de moulage.

La valeur des cinq produits que nous venons de considérer reçoit une grande augmentation par l'industrie manufacturière qui s'y applique. Bornons-nous à dire quelques mots des ateliers, soit de martinet, soit de fenderie, et des nombreux établissemens qui procurent la fonte moulée, sans parler des manufactures de tôle, de fer-blanc, de fil de fer, d'instrumens aratoires, d'outils et de quincaillerie, que possède la France.

1°. D'après des faits constatés pour le département de la Haute-Marne et d'autres, dans mon Rapport de 1824 sur la troisième Inspection des mines, l'augmentation de valeur du produit total qui est obtenu en fer en grosses barres est des 0,04 de la valeur première de ces fers. Ainsi, l'on peut ajouter pour le travail des ateliers dits *martinets*, ou ateliers de conversion, les 0,04 du total de valeur 68.731.650 fr. trouvé pour le fer fabriqué en France, tant à la houille qu'au charbon de bois, y compris les forges catalanes.

Cela posé, pour 0,04 de 68.731.650 fr., la valeur produite par les martinets et fenderies est de . . . . 2.749.266 fr.

2°. La valeur de la fonte brute est au moins doublée par le moulage et le travail duquel résulte la fonte moulée ;

Pour augmentation de valeur de 283.098 quintaux métriques à 28 fr. le q[al]., dont :

163.392 q[x]. mét. proviennent de fonte française.

69.706 q[x]. mét. de fonte importée, après déduction faite de 4.098 q[x]. mét. de fonte exportée.

50.000 q[x]. mét. de vieille fonte.

283.098 q[x]. mét., à 28 fr. le qal., ci . . 7.926.744

TOTAL. . . . . 10.676.010 fr.

En y ajoutant la valeur ci-dessus calculée du produit annuel des usines à fer en fonte brute et fer en grosses barres, qui est de. 73.306.626

On trouve le Total. . . . . . . 83.982.636 fr.

Consommation du fer en France.

Si l'on veut connaître la quantité de fer en grosses barres, qui est annuellement consommée en France, il suffit d'ajouter au nombre posé ci-dessus, comme exprimant le produit du sol français, la quantité d'importation annuelle, déduction faite de l'exportation.

Or, nous avons déjà vu que la quantité totale de fer en grosses barres, fabriqué en France, est de. . . . . 1.105.010 q^x. mét.

L'Etat des Douanes royales pour 1824 fait voir que l'importation de fer étiré en barres plates, carrées ou rondes, est de. . . . . 58.134 q^x. m., et l'exportation de 6.294

Différence. . . . . 51.840, ci. . . 51.840

Ainsi, le total de consommation du fer en grosses barres est, pour toute la France, de. . 1.156.850 q^x. mét.

D'après le même État, la valeur des 58.134 quint^x. mét. de fer importés est de. . . . . 709.918 fr.
et la valeur des 6.294 quint^x. mét. exportés est de. 314.704

Différence en faveur des usines étrangères. . . . . . . 395.214 fr.

A ce nombre il faut ajouter la différence entre la valeur de la fonte importée et celle de la fonte exportée :

Fonte importée, 73.804 q^x. mét., valant 753.142,
Fonte exportée, 4.098 q^x. mét., 81.969

Différence . . . . . . 671.173f. ci 671.173

Total de la valeur importée en fonte et fer, provenant des usines étrangères. . . . . 1.066.387 fr.

Veut-on comparer cet état actuel des choses avec ce qui eut lieu pour l'année 1820?

On peut admettre qu'en 1820, l'ensemble des forges de la France produisit en fer en grosses barres :

Par l'affinage de la fonte. .	640.000 q[x]. mét.
Par les forges catalanes. . .	93.470
TOTAL.	733.470 q[x]. mét.

(*Voyez Rapport sur l'Exposition de* 1819, *Annales des Mines* 1820, *et le présent Mémoire*, pag. 21 et 26.)

A cette quantité de fer en grosses barres, il fut ajouté en 1820 :

Par l'importation,	88.911 q[x]. mét.	
Mais il fut exporté	7.657	
Différence, 81.254 q[x]. m., ci.		81.254

Le total de consommation du fer, en France, pour l'année 1820, fut par conséquent. . . 814.724 q[x]. mét.

Or, nous venons de voir que la consommation du fer, en France, fut,

pour l'année 1825, de. . . .	1.156.850 q[x]. mét.
ci à soustraire.	814.724

On est donc porté à penser qu'en cinq années, la consommation du fer s'est accrue, en France, de . . . . 342.126 q[x]. mét.

En 1820, la valeur du fer en barres importé était, d'après les États des Douanes, de. 1.778.150 fr.

Celle du fer exporté, de. 383.000

Différence en faveur des usines étrangères . . . . 1.395.150 fr.;

Pour cette même année 1820,

On importa en France, fonte brute 54.495 qx. m., val. 544.950 f.

On exporta de France, fonte brute 4.721 qx. mét.,——94.400

Différence . . . . 450.550f., ci . 450.550

TOTAL de différence en faveur des usines étrangères (en 1820). 1.845.700 fr.

Aujourd'hui, d'après ce qui précède, cette différence qui est de. . 1.066.387

est moindre qu'en 1820, de.. . . . 779.313 fr.

Ainsi, tout en diminuant la différence de l'importation à l'exportation de la fonte et du fer, différence qui existait en faveur des usines étrangères, les usines françaises, grâce au développement de leur activité, ont suffi par elles-mêmes à un accroissement de consommation du fer, qui pour l'année 1825 est à-peu-près la moitié de ce qu'était la production de toutes les usines de la France en 1820. C'est un effet remarquable de la loi des douanes de 1822.

D'après les faits que nous venons d'exposer, il est facile de voir qu'au lieu de ce million de francs, qui exprime aujourd'hui la différence de l'importation à l'exportation, en faveur des usines étrangères, il sortirait bientôt de la France un grand nombre de millions, si la loi des douanes cessait de protéger les usines françaises. On peut même assurer que ces précieux établissemens ne tarderaient pas à succomber, si les droits d'entrée sur les produits des usines étrangères n'étaient pas maintenus, tels qu'ils sont établis par cette loi.

A la vérité, une réduction des droits d'entrée sur les fontes et fers venant de l'étranger semblerait dans le commencement favoriser les consommateurs; mais bientôt, n'ayant plus d'usines à fer, le Royaume de France se trouverait à la merci des étrangers pour l'acquisition de ce métal qui procure aux États le soc de la charrue, les armes, et tous les outils ou instrumens des arts.

Troisième question : De la fonte-douce produite en France.

3e. question. Il nous reste à examiner la question qui consiste à savoir si la fonte-douce a fait, ou non, des progrès en France, et si la fonte française reste, ou non, inférieure en qualité à la fonte d'Angleterre.

Qualité de la fonte-douce. Après les détails dans lesquels nous sommes entrés au sujet des précédentes questions, il sera facile de répondre plus sommairement à celle-ci.

Les départemens qui correspondent à la Franche-Comté, à certaines parties de l'Alsace, du Nivernais, du Berry, du Périgord, et à la Normandie, produisent des fontes de fer, qui sont très-propres au *moulage*. Nous avons déjà remarqué que, dans ces départemens, il se fabrique une quantité considérable d'objets en *fonte moulée.* Dès l'année 1819, il fut constaté, par le Jury central de l'Exposition des produits de l'industrie française, que la préparation et l'emploi de la *fonte-douce* avaient fait, en France, des progrès notables depuis l'année 1806, époque de la précédente Exposition.

Dans le Rapport imprimé, de 1819, sur les produits métallurgiques, nous lisons ce qui suit :

« Si l'on compare les objets en fonte moulée, que réunit l'Exposition de 1819, avec ceux qui furent exposés en 1806, on reconnaît d'un coup-d'œil les progrès qu'a faits cette branche d'industrie. »

Le Jury central distingua principalement des outils, des clous, des pièces de machines, des ustensiles de ménage, en fonte-douce, objets dont le mérite avait déjà été couronné par la Société d'encouragement, des vases en fonte de fer émaillés intérieurement, des fourneaux, braisières et autres objets habilement exécutés en fonte moulée, des mortiers en fonte de fer tournés et polis, des socs de charrue et des roues en fonte de fer, enfin divers autres ouvrages et ustensiles de la même matière. (*Voyez mon Rapport, au Jury central, de* 1819, *imprimé séparément comme extrait des Annales des Mines.* Paris 1820, pag. 33 et 77.)

En 1823, le Jury central de l'Exposition constata que la fabrication de la fonte-douce avait fait, en France, de nouveaux progrès. On distingua, par des récompenses, divers produits en fonte-douce et malléable qui se laissait limer, buriner, tarauder et travailler au tour, et qui prenait un poli analogue à celui de l'acier. Cette fonte provenait d'un haut-fourneau nouvellement établi dans le département de l'Yonne. Parmi les produits exposés, le Jury central remarqua des écrous avec leurs vis et un étau en fonte de fer, des roulettes, médailles et ornemens, des pièces de machines, en fonte de fer provenant d'usines françaises, et coulées au sable vert, enfin divers articles de quincaillerie en fonte de fer douce. (*Voyez mon Rapport au Jury central, de* 1823, *imprimé séparément comme extrait des Annales des Mines.* Paris 1823, pag. 8, 36 et 108.)

Depuis cette époque, la fonte de fer ayant éprouvé en Angleterre une augmentation de prix, très-considérable, cette circonstance a vivement stimulé l'activité des maîtres de forge en France; ils ont cherché à fournir eux-mêmes aux consommateurs français, dont le nombre s'accroissait de jour en jour, la fonte-douce que ceux-ci étaient accoutumés à tirer d'Angleterre, et que jusqu'alors ils n'avaient regardée comme propre à la fabrication des ouvrages en fonte-douce, que lorsqu'elle portait le nom de *fonte anglaise*. Plusieurs maîtres de forge ont réussi à produire des fontes de très-bonne qualité, qui ont été employées avec un plein succès pour la confection des machines à vapeur, des rouages de mécanique, et en général, des objets que jusqu'alors on avait fabriqués de préférence avec la fonte anglaise, soit par suite d'un calcul d'intérêt pécuniaire, soit par habitude, soit par préjugé.

Prix de la fonte d'Angleterre.

Le 11 Mars 1825, la fonte anglaise coûtait à Londres 12 *livres sterling* 10 *shillings*, *à* 13 *livres sterling la tonne* de 1015,kil.84., ce qui, au cours du même jour, à 25 fr. 10 c. la *liv. sterl.*, établissait le prix du quintal métrique entre 30 fr. 89 c. et 32 fr. 12 c. (*Voyez Prince's Price Current du* 11 *Mars* 1825, article *Pig-iron.*)

Plus tard, après plusieurs variations de prix, la fonte-douce anglaise s'est élevée, en Angleterre, à un prix tel que, rendue en France, elle y revenait quelquefois à 60 francs le quintal métrique.

Aujourd'hui, en Janvier 1826, la fonte-brute anglaise pour la fabrication du fer coûte, en Angleterre, 8 *liv. sterl.* la *tonne* de 1015,kil.84, au cours de 25 fr. 15 c. la *liv. sterl.*, c'est-à-dire. 201 fr. 20 c.
ce qui porte le prix d'achat du quintal métrique à 19 fr. 70 c.

A ce prix il faut ajouter, par *tonne* :

Pour le fret, de Cardiff au Hâvre. . . .	35	»
Assurance à 1 3/4 p. 100 du prix d'achat.	3	52
Commission d'achat, d'expédition et autres frais, à 2 pour 100, *idem* . .	4	02
TOTAL. . . .	243 fr.	74 c.
Ce qui fait par quintal métrique. .	23 fr.	99 c.
Plus pour droit d'entrée, décime compris, par quintal métrique.	9	90
TOTAL.	33 fr.	89
Pour transport, du Hâvre à Paris. . .	2	»
TOTAL par q^al^. mét. .	35 fr.	89 c.

La fonte-douce anglaise, destinée à la refonte, coûte, en Angleterre, 9 *liv. sterl.* la *tonne*, c'est-à-dire. . . . . 226 fr. 35 c.
ce qui porte le prix du q^al^. mét. de fonte pour moulage à 22 fr. 28 c.

A reporter. 226 fr. 35 c.

	Report.	226 fr. 35 c.
A quoi il faut ajouter, par *tonne* :		
Pour le fret, de Cardiff au Hâvre.	35	»
Assurance à 1 3/4 pour 100 du prix d'achat.	3	96
Commission d'achat, d'expédition et autres frais, à 2 pour 100, *idem*.	4	52
TOTAL.		269 fr. 83 c.

Ainsi, le quintal métrique, rendu au Hâvre, coûte.	26 fr.	56 c.
Plus pour droit d'entrée, décime compris.	9	90
TOTAL.	36 fr.	46
Pour transport, du Hâvre à Paris.	2	»
TOTAL par quintal métrique.	38 fr.	46 c.

Les droits d'entrée sont les mêmes sur la fonte brute et sur la fonte-douce. Il faut, d'après la loi de 1822, que l'une et l'autre soient en *gueuses* ou *massiaux*, de 4 quintaux métriques au moins. Quant à la fonte moulée d'Angleterre, l'importation en est prohibée en France.

De ces faits, il résulte qu'il y a plus d'intérêt à importer en France la *fonte-douce anglaise* que la *fonte brute pour fer*. Aussi, est-ce l'importation de la fonte-douce d'Angleterre, que plusieurs fondeurs français s'attachent à solliciter, en demandant la réduction, ou même la suppression des droits d'entrée sur cette matière. Pour arriver à ce but, ces fondeurs prétendent que l'on ne saurait se passer de la fonte anglaise pour les ouvrages dont ils sont chargés, et qu'en vain, par la fonte-douce de France, on chercherait à remplacer la fonte-douce d'Angleterre; mais nous avons déjà vu ce qu'il faut penser de ces assertions; elles sont contredites par des faits constatés. C'est l'habitude, c'est peut-être l'intérêt pécuniaire, qui soutient encore un préjugé que la nécessité avait d'abord introduit. En effet, la qualité de la fonte française était déjà constatée en 1819 et 1823. Depuis cette dernière époque, de nouveaux établissemens ont augmenté la quantité de la fonte-douce française, dont la qualité était déjà reconnue, et cette qualité n'a pas cessé de s'améliorer. Par exemple, la Compagnie Boigues, de Fourchambault, a produit, dans ses hauts-fourneaux, situés dans le département du Cher, des fontes-douces dont elle sollicite la comparaison authentique avec les meilleures fontes d'Angleterre, et qui sont effectivement recherchées en France par le commerce, à l'égal de ces dernières. On peut en dire autant de la fonte récemment obtenue d'un haut-fourneau qui existe au Janon, dans le département de la Loire, et qui est alimenté par le *Coke*, ainsi que des produits de plusieurs autres hauts-fourneaux français; car, les fondeurs français, après s'être trouvés tout-à-coup dépourvus de fonte anglaise, par suite de la hausse de prix, qu'elle avait subitement éprouvée en Angleterre, ont été pour ainsi dire contraints d'essayer des fontes de France. En même temps, les maîtres de forge français, stimulés par le haut prix, se sont presque tous appliqués à la production et à l'amélioration de la fonte douce. Le succès d'un grand nombre d'entre eux demeure constaté par les demandes réitérées des fondeurs français. Le prix des fontes-douces françaises de première qualité, en Franche-Comté et en Berry, dans les usines même, se tient entre 29 et 31 fr. le quintal métrique, tandis que les fontes pour fer, de Champagne, prises dans les usines qui les produisent, coûtent de 21 à 23 fr. le quintal métrique. Tel est l'état actuel des prix, en Janvier 1826.

Cela posé, si la fonte-douce française, de Franche-Comté, ou de Berry, était produite au Hâvre même, où la fonte-douce d'Angleterre arrive pour le prix de 26 fr. 56 c. le q^{al}. m., la première n'aurait besoin, pour se défendre contre l'importation de la seconde, que d'un droit d'entrée de 3 fr. 44 c., et comme le droit réel est de 9 fr., on pourrait dire qu'il y aurait lieu de le réduire de 5 fr. 56 c.; mais il n'en est pas ainsi; c'est à Paris ou à Lyon, c'est-à-dire sur les points autour desquels il existe de grands établissemens de seconde fusion, c'est là qu'il faut conduire les deux fontes pour les y mettre en présence, et pour comparer le prix définitif du produit anglais avec le prix du produit français. A Paris, la fonte-douce de Franche-Comté, ou de Berry, n'arrive, à cause des frais de transport, que chargée d'un surcroît de prix, d'environ 9 fr., à raison de 1 fr. par quintal métrique et par 10 lieues. Ainsi, cette fonte française y revient à 39 fr., tandis que la fonte d'Angleterre, qui se rend du Hâvre à Paris pour 2 fr., y coûte 38 fr. 46 c. On voit donc qu'à Paris, et par conséquent dans une grande partie de la France, la fonte-douce française a besoin de toute la protection du droit d'entrée, tel qu'il existe; mais on voit en même temps, que si ce droit est nécessaire en totalité, ce n'est pas à cause du prix inférieur de la fonte anglaise, une fois arrivée au Hâvre, ce n'est pas à cause de sa prétendue meilleure qualité, c'est tout simplement parce que le transport, du Hâvre à Paris, est plus facile et moins dispendieux, que le transport depuis la Franche-Comté et le Berry jusque dans la capitale. L'obstacle à lever n'est donc pas ici le manque d'amélioration de la fonte-douce, c'est la nécessité d'améliorer les moyens de communication intérieure, par les chemins, par les fleuves et rivières, et par les canaux.

Si l'on applique le même raisonnement à la ville de Lyon, on est conduit à penser que, dans cette ville, et sur plusieurs points des contrées qui l'environnent, la fonte anglaise ayant à supporter plus de frais de transport depuis le Hâvre, et la fonte française en supportant moins depuis la Franche-Comté, celle-ci, pour se défendre contre celle-là, pourrait bien n'avoir pas besoin de la totalité du droit d'entrée; mais le surplus de ce droit, si dès-à-présent il en existe un en faveur de l'industrie française, ce surplus, qui dans tous les cas est peu considérable, devient un encouragement dont jouit la production de la fonte française; il importe de le continuer, et par conséquent de maintenir les droits d'entrée, établis par la loi des douanes de 1822, sur les fontes d'Angleterre. C'est l'un des moyens d'arriver, dans la production de la fonte-douce française, à cet accroissement de quantité, que nous avons vu être fort désirable, et qu'il est permis d'espérer assez prochainement, d'après les faits exposés dans ce Mémoire; nous avons déjà indiqué les autres moyens.

En effet, si le droit était réduit, qu'arriverait-il? Envahi par la fonte anglaise, dans presque toute la France, le marché serait fermé à la fonte française. Dès-lors, plus de possibilité d'amélioration dans les usines de la France. Nul fruit à espérer de tous ces germes précieux d'industrie nationale, que nous avons vus tout-à-l'heure prêts à se développer sur tous les points du Royaume. Bientôt les fondeurs français, après avoir été les spectateurs indifférens de la ruine d'un si grand nombre d'entreprises nouvelles, dans leur patrie, s'y verraient eux-mêmes à la merci des maîtres de forge anglais, et les consommateurs de fonte en France, en payant tribut à l'Angleterre, expieraient chèrement le tort de n'avoir pas attendu plus patiemment les fruits du sol natal.

Résumé et Conclusion.

De tout ce qui précède, il me paraît sortir plusieurs vérités dont voici l'enchaînement :

1°. La consommation du fer s'est considérablement accrue en France, depuis quelques années. Nous avons vu par quelles causes et dans quelle proportion s'est opéré cet accroissement.

2°. La production du fer indigène a suivi les progrès de la consommation, et s'est au moins élevée au même nombre de quintaux métriques.

3°. C'est par l'établissement de nombreux ateliers, dits *forges à l'anglaise*, allant à la houille, que s'est accrue la production du fer. Un capital de 30 à 35 millions se trouve engagé dans ces nouvelles entreprises dont nous avons indiqué l'époque, l'emplacement et l'état actuel. Comme, pour être utiles aux entrepreneurs, il faut que les forges à l'anglaise opèrent sur de très-grandes quantités de fonte, leur activité a causé une demande plus empressée, et par suite un prompt renchérissement de cette matière.

4°. La loi sur les douanes, du 27 Juillet 1822, a favorisé, en France, l'établissement des forges à l'anglaise ; mais tandis que les capitaux se portaient sur l'affinage du fer à la houille, il ne s'est élevé, jusqu'à présent, qu'un petit nombre de hauts-fourneaux, destinés à procurer la fonte de fer par le moyen de la houille carbonisée, dite *Coke*. C'est parce que la création de ces derniers établissemens, outre de grands capitaux, exige plus de temps que celle des premiers, et sur-tout plus de facilités pour les moyens de communication intérieure. Cependant, de grands capitaux sont, ou déjà versés, ou sur le point d'être engagés dans plusieurs entreprises de hauts-fourneaux, devant aller au *Coke*. Nous avons vu l'indication des diverses localités que concernent ces projets.

5°. Pour subvenir aux nouveaux besoins en fonte de fer, qui résultaient de la création des forges à l'anglaise, il a fallu que les hauts-fourneaux allant au charbon de bois augmentassent considérablement leur production annuelle; de-là, un renchérissement très-considérable du prix des bois.

6°. Le prix des bois s'étant élevé tout-à-coup au double de ce qu'il était il y a peu de temps, les prix de la fonte et du fer, fabriqués au charbon de bois, ont suivi cette hausse rapide. Il en est résulté un renchérissement proportionnel des fers fabriqués à la houille. La sécheresse de l'année 1825 est venue se joindre à ces causes de renchérissement.

7°. Ce que l'on nomme la *question du prix des fers*, en France, est à proprement parler la *question du prix des bois ;* car, les usines à fer de la France consomment le quart de la coupe annuelle de toutes les forêts du Royaume, et le calcul me semble prouver que le renchérissement des fers profite plus aux propriétaires de forêts qu'aux propriétaires d'usines à fer et maîtres de forges.

8°. Les dispositions de la loi sur les douanes de 1822 établissent à-peu-près l'équilibre, pour le moment actuel (Janvier 1826), entre les fers étrangers et les fers français, considérés les uns et les autres sur les divers points de la France. Ces droits, quelque élevés qu'ils puissent paraître, n'équivalent pas encore à une prohibition des fontes et fers venant de l'étranger; mais peut s'en faut ; car, en 1824, la quantité de fonte importée n'a été qu'environ 4 et demi pour 100 de la quantité de fonte produite en France, et l'importation du fer ne s'est élevée qu'à 5 pour 100 de la quantité de fer produite dans le Royaume.

9°. Si l'on diminuait les droits d'entrée qui existent en vertu de la loi des douanes de 1822, ni les forges anciennes allant au bois, ni les forges nouvelles allant à la houille ne pourraient subsister. L'érection des hauts-fourneaux devant aller au *Coke* ne pourrait avoir lieu. Toutes ces entreprises seraient ruinées. La France perdrait tous les avantages qui résultent de ce que, par ses hauts-fourneaux et forges, une valeur brute de soixante-treize millions est annuellement versée dans le commerce, pour la production seule de la fonte et du fer. Soixante-dix mille ouvriers seraient tout-à-coup privés de travail. L'agriculture et tous les consommateurs de fer perdraient plus qu'ils ne pourraient gagner, à ce bouleversement.

10°. Cependant, on ne peut regarder le prix élevé des fers de France comme un mal nécessaire, qui doive rester sans remède. Pour que le prix des fers diminue, il importe sur-tout que la fonte éprouve une grande diminution de prix. Ce dernier effet, vu le renchérissement excessif des bois, ne peut s'opérer sûrement, en France, qu'au moyen d'une production très-abondante de fonte obtenue par l'emploi de la houille carbonisée, dite *Coke*. Il importe donc que le Gouvernement favorise spécialement les établissemens de ce genre, en facilitant le transport des masses énormes de diverses matières, qu'exige leur activité. Cest de là, et par conséquent c'est de la confection des chemins et des canaux, c'est d'un système favorable de navigation intérieure, que dépend désormais la solution de ce que l'on nomme la *question des fers*.

11°. Une fois que la production de fonte par le moyen de la houille se serait fort accrue, en même temps que la consommation de bois pour les hauts-fourneaux aurait fort diminué, le prix des bois, dès-lors moins demandés par les maîtres de forge, s'abaisserait nécessairement. Il pourrait même descendre au-dessous de ce qu'il était il y a peu d'années; mais pour que cet effet puisse avoir lieu sans commotion brusque, le temps est un élément indispensable.

12°. Si, au lieu d'attendre cet effet qui doit naturellement s'opérer avec le temps, on voulait forcer une baisse du prix des fers français, par la suppression ou même la réduction des droits d'entrée qu'a établis la loi de 1822, loi sur la foi seule de laquelle les nouvelles entreprises ont pu se développer, on verrait succomber les usines françaises, désormais privées de toute défense contre les usines étrangères. Alors, la France serait à la merci du commerce étranger, et pour quel objet? pour le fer, premier besoin de l'agriculture et de l'industrie, premier gage de la victoire et de la paix.

13°. Quant à la production de la fonte-douce, la qualité de la fonte française est constatée; elle s'est améliorée; cette matière peut soutenir la concurrence avec la fonte-douce d'Angleterre, si le prix le permet, et si la quantité produite suffit aux besoins de l'industrie française. Ces deux dernières conditions ne peuvent s'accomplir que par les moyens qui viennent d'être exposés, relativement à la fonte en général, c'est-à-dire par une bienveillance constante du Gouvernement, en faveur de l'érection des hauts-fourneaux devant aller au *Coke*.

14°. Par tous les motifs développés dans le cours de ce Mémoire, il y a lieu de conclure, quant à-présent, en ce qui concerne les droits d'entrée sur la fonte et le fer, au maintien pur et simple de la loi des Douanes, du 27 Juillet 1822.

SUPPLÉMENT AU MÉMOIRE

Sur les Usines à fer de la France, ajouté dans le mois de Décembre 1826, présentant un Aperçu des Mines de houille de la France, et des Usines à fer de la Grande-Bretagne.

Depuis le mois de Janvier 1826, époque à laquelle fut terminé le Mémoire qui précède, le prix du fer a éprouvé des variations, tant en France qu'en Angleterre et ailleurs. Il paraît à propos d'indiquer ces nouvelles données, afin que l'on puisse y avoir égard dans les calculs ultérieurs dont cette matière sera l'objet. D'après les exemples réunis dans le Mémoire, on verra facilement quelles modifications les résultats admis, pour l'époque de Janvier 1826, devront éprouver, pour une autre époque, si de nouveaux élémens sont introduits dans les calculs dont nous avons présenté le cadre.

Voici quel est en ce moment, à la fin de l'année 1826, le prix du fer en France et en Angleterre :

Dans le département de la Haute-Saône, *Prix des fers de France.*

le fer de Franche-Comté, en grosses barres, de première qualité, fabriqué au charbon de bois, se vend sur les forges... . . . . 34 à 65 fr. le q^al. m.

la fonte au charbon de bois, 1re. qualité, fonte grise pour moulage. . . . . 25 à 26 fr.

la fonte blanche et la fonte *truitée*, pour fer 21

(*Voyez et comparez, page* 34 *du Mémoire.*)

Dans le département de la Haute-Marne,

le fer de Champagne, en grosses barres, de la première qualité, dite *Roche*, fabriqué au charbon de bois, se vend, rendu à Joinville........ 55 fr. 70 c. le q^al.m.

——— de la seconde qualité, dite *Vosges*, rendu à St.-Dizier.... 51 92

——— de la troisième qualité, dite *Demi-Roche*, rendu à St.-Dizier 50 »

Ces mêmes fers ont été vendus à Paris, aux consommateurs :

1re. qualité (*Roche*)...... 62 fr. c.
2e. qualité (*Vosges*)..... 60 »
3e. qualité (*Demi-Roche*).. 56 »

(*Voyez et comparez, page* 40.)

Le fer provenant de fonte obtenue au charbon de bois, et affiné à la houille, se vend ainsi qu'on va le voir :

Fer de Charenton (Seine), rendu à Paris.. 50 fr. le q^al. m.
——de Fourchambault (Nièvre), sur le lieu de production.............. 55
——de Châtillon (Côte-d'Or), rendu à Paris...................... 50
——d'Abainville (Meuse), rendu *idem*.. 50
——de Moyeuvre (Moselle), rendu *idem*. 47

(*Voyez et comparez, page* 43.)

Prix, en France, des fers de Russie.

Les fers de Russie, dits fers de Sibérie, affinés au charbon de bois, reviennent aux prix suivans :

A Rouen, pour le marchand.... 56 fr. 75 c. le q^al. m.
—— pour le consommateur.... 62
A Paris, *idem*............ 66

(*Voyez ci-après le prix des fers anglais en France.*)

Prix des fers en Angleterre.

A Londres, le prix des fers est tel qu'il suit : (*Voyez* Prince's Price Current, *du* 10 *Novembre* 1826.)

Le fer de Russie, affiné au charbon de bois, et marqué C.C.N.D. se vend 20 *liv. sterl.* la *tonne* de 1015 kil. 84, en entrepôt, ce qui, au cours de 25 fr. 30 c. la *liv. sterl.*, fait, par quintal métrique. . . . . 49 fr. 86 c.

Le fer de Russie marqué P. S. I., 16 *liv. sterl.* 10 *sh.* la *tonne* (*idem*), ce qui fait, par q^{al}. mét. 41 12

Le fer de Suède, affiné au charbon de bois, 14 *liv. sterl.* la *tonne* (*idem*), ce qui fait, par q^{al}. mét. 34 89

Lorsque ces fers *en entrepôt* sont consommés en Angleterre, ils s'y vendent 3 fr. 73 c. de plus par q^{al}. mét., à cause d'un droit, dit *Customs duty*, lequel est de 1 *liv. sterl.* 10 *sh.* par *tonne.*

Le fer d'Angleterre, provenant de fonte obtenue par le moyen du *Coke*, et affiné à la houille, se vend 10 *liv. sterl.* 10 *sh.* la *tonne*, rendue à Londres, ce qui fait, par quint. mét. 26 15

Le fer d'Angleterre (*idem*), dans le port de Cardiff, 8 *liv. sterl.* 10 *sh.* la *tonne*, ce qui fait, par q^{al}. mét. 21 16

La fonte brute d'Angleterre, p^r. moulage, obtenue par le moyen du *Coke*, 8 *liv. sterl.* la *tonne*, rendue à Londres, ce qui fait, par q^{al}. m. 20 71

La fonte brute pour fer (*idem*), 5 *liv. st.* la *tonne*, prix moyen dans les usines du Staffordshire, ce qui fait par q^{al}. mét. 12 65

La fonte mazée (*Fine-metal*), 6 *liv. sterl.* 10 *sh.* la *tonne*, ce qui fait par q^{al}. mét.. . . . 16 16

Prix des fers anglais, en France.

D'après ces données, on peut calculer que :

Le fer anglais, entièrement fabriqué à la houille, étant rendu de Cardiff au Hâvre, y coûte, par quintal métrique . . . . 52 fr. 81 c.

Prix des fers de Belgique, et d'Allemagne

Dans les forges de la Belgique,

le quintal mét. de fer se vend actuellement. . . 41 »

La 1re. qualité coûte 44 fr.,
et la moindre . . . . . . 36.

En Allemagne, dans les forges voisines du Rhin,

le quintal mét. de fer se vend, prix moyen, 30 à 36 fr.

Prix comparés de la fonte et du fer.

La comparaison des prix sus-énoncés nous conduit aux remarques suivantes :

En France, dans la fabrication du fer par le moyen du charbon de bois, le prix du fer en barres (63 fr.) est triple du prix de la fonte brute pour fer (21 fr.).

En Angleterre, dans la fabrication du fer par le moyen de la houille, le prix du fer en barres (26 fr.) est à-peu-près double du prix de la fonte brute pour fer (12 fr. 65 c.).

Cette différence, que nous venons de voir pag. 103 et 105, exprime l'avantage qui résulte de la fabrication du fer forgé par le moyen de la houille et du laminoir; elle montre que si, par les deux modes d'affinage, on traite comparativement de la fonte brute, supposée d'un même prix dans les deux cas, on dépensera pour l'ancien procédé à-peu-près deux fois autant que pour le nouveau.

Déjà, dans quelques-unes des nouvelles usines de la France, le rapport du prix des fers, affinés par le moyen de la houille, au prix de la fonte est à-peu-près le même qu'en Angleterre, c'est-à-dire comme 2 : 1 (*voyez l'exemple, p.* 61). Mais en France, ce n'est, en général, que sur de la fonte obtenue au charbon de bois, et par conséquent d'un prix très-élevé, que l'on exécute le nouveau procédé d'affinage; de là provient la cherté du fer en barres affiné à la houille.

Obstacles à la production de la fonte.

Jusqu'à présent, plusieurs obstacles s'opposent à ce que la fonte de fer au *Coke* soit produite, en France, aussi abondamment et pour un aussi bas prix qu'en Angleterre. Ces obstacles sont principalement :

1°. La difficulté des communications intérieures;

2°. Le retard qu'éprouve la marche progressive,

c'est-à-dire *l'avancement* des travaux d'exploitation, dans plusieurs de nos principales mines de houille; ce retard a lieu, d'un côté, parce que l'usage du combustible minéral étant moins répandu en France qu'en Angleterre, l'extraction en est moins rapide chez nous, et d'un autre côté, parce que nos couches de houille sont communément des masses beaucoup plus épaisses que celles des Anglais. De ce retard des travaux d'exploitation, il résulte que, dans un même espace de temps et dans une même étendue de terrain, si l'on admet d'ailleurs, pour les deux pays, une interposition également fréquente des lits de minerai de fer au sein des couches de houille, ce minerai des houillères ne peut quant à présent être extrait aussi promptement et en aussi grande quantité en France qu'en Angleterre;

3°. Un troisième obstacle, en France, à la production de la fonte de fer au *Coke*, c'est la cherté de la houille, non pas tant sur les mines, où quelquefois même ce combustible est à vil prix, que dans les usines, où il ne peut être transporté qu'à grands frais;

4°. Enfin, un autre obstacle, c'est le haut prix du transport de la *Custine* qui est nécessaire comme fondant, les mines de houille de la France n'étant pas aussi communément voisines du terrain calcaire, que le sont, en général, celles de la Grande-Bretagne.

Telles sont les difficultés qui jusqu'à présent s'opposent, en France, à ce que le fer y soit fabriqué par le moyen de la houille et du laminoir, pour un aussi bas prix qu'en Angleterre; le temps seul pourra les faire disparaître, du moins en partie. Ces points de vue, qui méritent l'attention des entrepreneurs de semblables usines à fer, ne sont pas indignes des regards d'un gouvernement protecteur de l'industrie.

Fabrication du fer en Angleterre.

D'après une relation récente et digne de foi, on peut calculer qu'en Angleterre, dans les usines du Staffordshire, le prix d'un quintal métrique de fonte brute pour fer se compose des élémens que voici :

Fusion des minerais.

	qx. m.				
Minerais. . . .	3,78 à	1 fr. 90 c. le qal. mét.	7 fr.	18 c.
Castine.	1,42	» 72.	1	2
Houille.	3,78	» 95.	3	59
Main-d'œuvre.			»	86
Prix total de la production d'un qal. m. de fonte brute pour fer, dans le Staffordshire. .			12 fr.	65 c.

Pour fabriquer un quintal métrique de fer en barres, on emploie 1,qal.m.33 de fonte brute. Ainsi, pour chaque quintal mét. de fer, la dépense relative à la fonte brute est à-peu-près telle qu'il suit :

	qx. m.			
Minerais. . . .	5,04 à	1 fr. 90 c. le qal. mét.	9 fr.	57 c.
Castine.	1,89	» 72.	1	36
Houille.	5,04	» 95.	4	78
Main-d'œuvre.			1	14
Prix total de la production de 1,qal.m.33 de fonte, *idem*.			16 fr.	85 c.

Finage de la fonte.

De 1,qal.m.33 de fonte brute, il résulte en fonte mazée (*Fine-metal*) 1,qal.m.16. On dépense dans cette opération, dite *mazage* ou *finage* :

	qal. m.			
Fonte brute. . .	1,33 à	12 fr. 65 c. le qal. m.	16 fr.	85 c.
Houille	1,16	» 95.	1	10
Main-d'œuvre.			»	83
Prix total de la production de 1,qal. m.16 de fonte mazée, quantité nécessaire pour la fabrication d'un qal. mét. de fer en barres. . . .			18 fr.	78 c.

Pudlage et laminage.

De 1,$^{qal.m.}$16 de fonte mazée, il résulte 1 q^{al}. mét. de fer en barres. On dépense dans ces opérations, dites *pudlage* et *laminage* :

	qal. m.		
Fonte mazée....	1,16 à 16 fr. 16 c.........	18 fr.	78 c.
Houille........	1,49 » 95.........	1	42
Main-d'œuvre...........................		1	96
Prix total de la production d'un q^{al}. mét. de fer en barres, fabriqué à la houille et au laminoir, dans le Staffordshire..........		22 fr.	16 c.

Prix de la fabrication anglaise.

En résumant ce qui précède, on voit que, dans le Staffordshire, pour chaque quintal mét. de fer fabriqué par le moyen de la houille et du laminoir, le prix de fabrication se compose des élémens que voici :

	qx. m.					
Minerais.....	5,04 à 1 fr. 90 c. le q^{al}. m^{t}.				9 fr.	57 c.
Castine.......	1,89 » 72.........				1	36
Houille pour la fusion...	5,04 »	95.	4 fr.	78 c.		
— p^{r}. le *finage*.	1,16 »	*id*..	1	10	7	30
— p^{r}. le *pudlage* et *laminage*.	1,49 »	*id*..	1	42		
Main-d'œuvre..........................					3 fr.	93 c.
Total comme ci-dessus, de la production d'un q^{al}. mét. de fer en barres, dans le Staffordshire..........................					22 fr.	16 c.

(*Voyez* Notice sur les manufactures de fer du Staffordshire, par M. le Cte. Achille de Jouffroy, *Journal du Commerce, du* 23 *Décembre* 1826.)

Si l'on compare ces renseignemens avec ceux qui concernent les usines de la France, d'après les faits exposés p. 49 et suiv., on trouve les résultats que nous allons indiquer :

Prix de la fabrication française.

En France, dans la production du fer en barres

par le moyen du charbon de bois, les élémens du prix de ce métal, abstraction faite, comme dans l'exemple relatif au Staffordshire, des frais généraux', des intérêts, et du bénéfice de l'industrie, sont tels qu'il suit :

	qx. m.					
Minerais.	5,	à 2 fr.	2 c. le qal. m.		10 fr.	20 c.
Castine.	1,	» »	20		»	20
Charbon de bois						
pour la fusion. .	2,25	9	36.		21	6
— pour l'affinage.	1,75	*idem*.			16	38
Main-d'œuvre.					3	66
Prix total de la production d'un qal. mét. de fer en barres, fabriqué au charbon de bois, dans le département de la Haute-Saône.					51 fr.	50 c.

Quant à la fabrication française, du fer affiné à la houille, et provenant de fonte au *Coke*, on peut calculer, en combinant les données des deux exemples rapportés p. 58 et 61, que si le prix d'achat de la fonte obtenue par le moyen du *Coke* était, pour toute la France, tel qu'il est indiqué, pour une certaine localité, par l'exemple p. 58 (20 fr. 83 c.), le prix de la fabrication d'un quintal métrique de fer en barres, par le moyen de la houille et du laminoir, se composerait des élémens ci-après :

	qx. m.					
Minerais.	5,4	à 1 fr.	80 c. le qal. m.		9 fr.	72 c.
Castine.	1,	»	20.		»	20
Houille						
pour la fusion. . .	6,75	1	50	10 fr. 12	17	32
— pr. l'affinage et le laminage.	2,4	3	»	7 20		
Main-d'œuvre.					2	77
Prix total de la production en France d'un qal. mét. de fer en barres, fabriqué à la houille et au laminoir, avec de la fonte au *Coke*, dans l'hypothèse sus-énoncée.					30 fr.	01 c.

La différence considérable que l'on remarque entre ce dernier prix et celui que nous avons calculé, p. 61, provient principalement de ce qu'en France, ce n'est point de la fonte au *Coke*, mais de la fonte au charbon de bois, que l'on emploie dans l'affinage du fer à la houille ; cette dernière fonte, ainsi qu'on le voit p. 61, est d'un prix beaucoup plus élevé que nous ne l'avons supposé dans l'hypothèse qui précède, d'après l'exemple présenté p. 58. Une autre cause de cette différence, c'est que, dans le prix total qui a été trouvé p. 63, sont compris des frais généraux, des intérêts, et un bénéfice de l'industrie, objets dont nous avons dû faire abstraction dans cette même hypothèse, afin que le résultat du calcul devînt comparable avec ceux que nous venons de considérer, relativement au Staffordshire.

Droits d'entrée sur les fers étrangers.

Dans les calculs ultérieurs du prix des fers, on se rappellera que, depuis le 5 Avril 1826, en vertu de l'Ordonnance du Roi, du 8 Février précédent, les fers étrangers, à leur importation par navires britanniques, ne paient plus que les mêmes droits qui sont perçus sur les mêmes marchandises, à leur importation par navires français. (*Voyez ladite Ordonnance de* 1826, *art.* 2, *Bulletin* n°. 78, *et ci-dessus, page* 47.) On sait que du reste, en vertu de la loi relative à la fixation du budget de 1827, les droits sur les fers sont restés tels qu'ils étaient antérieurement. (*Voyez cette loi du 6 Juillet* 1826, *Bul.* n°. 101, art. 3, *et ci-dessus, page* 29.)

Nouvelles entreprises d'usines à fer en France.

Il est à remarquer que, dans le moment actuel, le commerce des fers se ressent des fluctuations auxquelles sont exposées diverses entreprises qui emploient ce métal; il en résulte de fréquentes alternatives de hausse et de baisse dans le prix des fers, qui en général tend à baisser. Cependant, le zèle des entrepreneurs de nouvelles usines à fer ne se ralentit pas en France. Outre les projets indiqués par les Tableaux nos. 2 et 3, (p. 10 et 22), d'autres ont été conçus tout récemment. Il convient de les indiquer ici pour compléter ces mêmes Tableaux, à la fin de 1826.

Dans le département de la Loire-Inférieure, à la Jahotière près de Châteaubriant, M. de Jouffroy s'occupe de faire construire de grandes usines à fer, d'après des indices de houille et de minerai des houillères. (*Voyez Journal du Commerce, du 23 Décembre* 1826.)

Dans le département de la Haute-Saône, de nouvelles demandes ont été formées, en 1826, à l'effet d'établir deux hauts-fourneaux par le moyen du *Coke*, l'un à Solborde, commune d'Echenoz-la-Meline, l'autre sur la rivière de la Vingeanne, dans la commune de Lœuilley, arrondissement de Gray. On se propose d'employer, dans ces établissemens, du minerai de fer provenant des minières de la Haute-Saône et de la Côte-d'Or, avec de la houille extraite des mines de la Haute-Saône, de la Loire, de Saône-et-Loire et du Doubs.

Dans le département des Vosges, à Vrécourt, arrondissement de Neufchâteau, un autre entrepreneur a demandé, en 1826, à construire un haut-fourneau, pour y fondre, par le moyen du charbon de bois, des minerais de fer provenant des minières des départemens des Vosges et de la Haute-Marne.

Dans le département de l'Hérault, on a conçu

le projet de construire à Rougas près Saint-Gervais de grandes usines à fer dans lesquelles on veut employer la houille des mines de Bedarieux, situées non loin de Montpellier.

Dans le département du Gard, auprès du Vigan, on s'occupe de former de semblables établissemens par le moyen du même combustible. Deux autres entreprises du même genre ont été annoncées, en 1826, dans ce département, par deux compagnies distinctes ; ces compagnies se proposent de construire un grand nombre de hauts-fourneaux devant aller au *Coke*, et des forges à l'anglaise, dans les environs d'Alais, au milieu du terrain houiller et d'un ensemble de localités qui paraît favorable.

On espère aussi que, dans le département de l'Allier, auprès de Commentry, de grandes usines à fer pourront être établies avantageusement sur les abondantes mines de houille qui sont ouvertes en ce lieu ; mais pour donner suite à ces projets, on attend que le canal de Berry soit terminé (*voy. p.* 12).

L'exécution de ces nouvelles entreprises pourra augmenter encore le surcroît de produit en fonte de fer, que dès-à-présent on a lieu d'espérer, dans les usines de la France (*voy. p.* 11).

Produit des mines de houille en France.

Comme désormais il doit y avoir une relation intime entre l'activité des usines à fer et celle des mines de houille, il est à-propos de consigner ici les faits d'après lesquels nous admettons (page 37 du Mémoire) que l'extraction de ce combustible s'élève, en France, à 14 millions de quintaux métriques, par année.

Suivant les États dressés dans les départemens, pour l'assiette des redevances établies par la loi du 21 Avril 1810, le produit brut de toutes les mines de houille que possède la France est évalué ainsi que nous allons le voir, sans compter les quantités de ce combustible qui sont consommées dans l'enceinte même des établissemens, pour le service de l'exploitation.

Pendant l'année 1825, l'extraction de la houille s'est élevée, dans les trente-deux d partemens ci-dessous dénommés, aux quantités que voici, d'après les estimations faites, sur les lieux, par les *Comités d'évaluation* :

Inspection des mines	Département		quintx. métr. de houille.
1re. Inspection des mines.	Creuse.	11.107	318.930
	Corrèze.	9.121	
	Maine-et-Loire . .	93.407	
	Mayenne.	28.000	
	Sarthe.	42.800	
	Loire-Inférieure. . .	134.495	
2e.	Calvados.	276.332	3.217.274
	Pas-de-Calais. . . .	50.344	
	Nord.	2.890.598	
3e.	Bas-Rhin.	1.254	970.715
	Haut-Rhin.	8.781	
	Haute-Saône	280.266	
	Nièvre.	235.900	
	Allier.	92.857	
	Saône-et-Loire. . .	351.657	
4e.	Loire.	5.503.886	6.387.288
	Puy-de-Dôme . . .	103.500	
	Cantal.	1.500	
	Haute-Loire.	361.866	
	Rhône.	66.820	
	Isère.	49.932	
	Hautes-Alpes. . . .	13.500	
	Basses-Alpes.	9.304	
	Bouches-du-Rhône.	245.694	
	Vaucluse.	31.286	
5e.	Gard.	403.036	825.380
	Ardèche.	64.780	
	Hérault.	134.395	
	Aude.	1.685	
	Tarn.	125.950	
	Dordogne.	2.103	
	Aveyron.	93.431	

TOTAL. . . . . 11 719.587.

A ce résultat des estimations, qui sont en général modérées, il convient d'ajouter au moins un cinquième du total trouvé ci-dessus, tant pour compenser la faiblesse des déclarations, ou des calculs approximatifs, que pour tenir compte des quantités de houille qui se consomment sur les mines, sans être sujettes à redevance, et enfin pour représenter un surcroît de produit qui résulte, soit de l'exploitation plus active des mines déjà existantes, soit de nouvelles entreprises et concessions de mines, qui ont été faites dans ces derniers temps.

Ainsi, au total ci-dessus . . . .11.719.587qx.m.
ajoutant le cinquième, ci. . . 2.343.916

on trouve la quantité sus-énoncée, de. . . . . .14.063.503qx.m.

Sur les trente-deux départemens, dont les mines de houille procurent ce total, il en est vingt-trois, dans chacun desquels, d'après les États de redevances pour l'année 1825, on extrait annuellement au moins 28.000 quintx. mét. de houille; on peut considérer ces vingt-trois départemens, comme possédant, en ce genre, les principales mines de la France:

Leur produit total est de. . . .14.005.126qx.m.

Quant aux neuf autres départemens, dans chacun desquels, suivant les mêmes États, le produit annuel ne s'élève pas encore au-dessus de 13.500 qx. mét. par année, leur produit total est de. . . 58.377

Total général comme ci-dessus. 14.063.503q .m.

(*Voyez* Mémoire intitulé *des Combustibles minéraux,* dans les *Annales des Mines* de 1826.)

L'exploitation des mines de houille, qui procure ce total de produit annuel, occupe, dans l'enceinte même des établissemens, environ 16.000 ouvriers.

Outre les trente-deux départemens dans lesquels des mines de houille sont en activité, ainsi qu'on vient de le voir, il en est plusieurs où l'on a observé quelques indices de combustibles minéraux, jusqu'à présent peu exploités; tels sont les départemens dont suivent les noms: l'Ain, l'Ariège, le Doubs, la Drôme, la Meurthe la Meuse, et le Morbihan.

Mines de lignite.

Dans le total sus-énoncé ne sont pas compris les produits que l'on obtient, en *Lignite*, dans quelques départemens; par exemple, dans le département du Bas-Rhin, la mine de Bouxviller fournit annuellement 60.000 quint. mét. de ce combustible minéral, que l'on y emploie pour la fabrication du vitriol, de l'alun et de plusieurs autres produits chimiques. Les départemens de l'Aisne et de l'Oise fournissent aussi une grande quantité de lignite décomposé, que l'on met à profit pour le même objet. Dans le département de l'Isère, on exploite un lignite, ou bois fossile, dont l'extraction ne s'est pas élevée, en 1825, au-dessus de 550 quintx. mét. Il en existe aussi dans le département du Var, mais sans produit.

État futur des usines à fer de la France.

En partant du point que nous avons essayé de fixer, relativement à l'état des usines à fer de la France, considérées en 1826, on pourra toujours procéder d'une manière analogue, pour une époque ultérieure. On jugera ainsi de la marche qu'aura suivie cette branche de l'industrie française pendant un certain laps de temps. On pourra donc assigner les causes qui auront influé sur cette marche, discuter utilement les mesures à prendre, et prévoir les résultats à espérer. Tel est l'objet que nous nous sommes proposé en offrant un cadre dans lequel on pourra placer, pour chaque époque, les faits qui lui conviendront, et modifier ainsi les chiffres que nous avons admis relativement à celle qui nous occupait.

Par ce moyen, on pourra comparer l'industrie des usines à fer de la France, d'une part avec elle-même, d'autre part avec l'industrie de la Grande-Bretagne, considérée sous le même rapport. Afin de faciliter une telle comparaison, qui semble devoir amener d'heureux résultats, nous allons saisir l'occasion d'exposer quelques faits par la réunion desquels on a constaté, dans la Grande-Bretagne, les développemens successifs de l'industrie des forges, d'abord depuis l'année 1788 jusqu'en 1806, et ensuite depuis 1806 jusqu'en 1826. C'est en grande partie aux soins de MM. Boigues et Dufaud, habiles maîtres de forge à Fourchambault (Nièvre), que nous sommes redevables des utiles renseignemens dont nous présentons le sommaire en terminant cet écrit.

(*Voyez et comparez Richesse minérale, Tome* 1, *page* 283 *et suivantes, et Tome* 3, *pages* 426 *et* 435, *Paris,* 1810 *et* 1819; *et Revue britannique, Paris, Janvier* 1826, n°. 7.)

En l'année 1788, la Grande-Bretagne possédait le nombre ci-après de hauts-fourneaux en activité pour la fusion du minerai de fer, savoir : Usines à fer de la Grande-Bretagne.

	Hauts-fourneaux.	
	allant au charbon de bois.	allant au Coke.
Dans la principauté de Galles. . .	5	8
Dans le Staffordshire.	»	9
— Shropshire.	3	21
— Derbyshire.	1	7
— Yorckshire.	1	6
Dans les Comtés de Sussex, Glocester, Monmouth, Chester, Lancaster, Westmoreland, Cumberland.	14	7
En Ecosse.	2	2
Total.	26	60

L'ensemble de ces 86 hauts-fourneaux produisait en fonte de fer,

par 26 hauts-fourneaux allant au charbon de bois.	14.500 *tonnes*.
par 60 hts.-fournx. allant au *Coke*. . . .	55.500
Total	70.000 *tonnes*,

équivalant à 711.088 quintaux métriques.

En l'année 1806, le nombre des hauts-fourneaux pour la fusion du minerai de fer par le moyen de la houille carbonisée, dite *Coke*, fut tel qu'il suit :

	Hts. fournx.
Dans la principauté de Galles.	52
Dans le Staffordshire.	42
— Shropshire.	42
— Derbyshire.	17
— Yorckshire.	28
Dans les Comtés de Glocester, Monmouth, Leicester, Lancaster, Cumberland, Northumberland.	18
En Ecosse.	28
Total.	227

Sur ce nombre de hauts-fourneaux, 159 furent en activité ;

Ils produisirent en total.	244.071 *tonnes.*
Il existait de plus 2 hauts-fourn[x]. au charbon de bois, qui produisirent en somme	1.000
TOTAL. . . .	245.071 *tonnes,*

équivalant à 2.489.529 q[x]. mét. de fonte de fer.

En l'année 1826, voici quel est le nombre des hauts-fourneaux que possède la Grande-Bretagne pour la fusion du minerai de fer par le moyen du *Coke,* seul procédé que l'on y emploie maintenant :

	Hauts-fourneaux.
Dans la principauté de Galles	87
Dans le Staffordshire, le Shropshire et les autres Comtés ci-dessus indiqués.	162
En Ecosse.	56
TOTAL.	305

Sur ce nombre de hauts-fourneaux, 280 sont en activité ; le produit moyen de chacun de ces grands appareils est de 50 *tonnes* par semaine ; ainsi, pour l'année entière, le produit total des 280 hauts-fourneaux est de 728.000 *tonnes*, équivalant à 7.395.315 quintaux métriques.

C'est ainsi que, dans une période de quarante années à-peu-près, la production en fonte de fer est devenue plus de dix fois aussi forte qu'elle l'était au commencement de cette même période. La production, soit de la fonte moulée, soit du fer affiné par le moyen de la houille, s'est accrue dans le même rapport.

Le prix du fer en barres, dans la Grande-Bretagne, était,

En l'année 1788, de 22 *liv. sterl.* la *tonne ;*
Il est, en 1826, de 10 *liv. sterl.* 10 *sh.*

Ces faits montrent suffisamment quel avantage procurent l'exploitation des mines de houille et des mines ou minières de fer, l'amélioration des procédés métallurgiques, la facilité des communications intérieures, et la concurrence.

Espérons que bientôt la France aura lieu de se féliciter aussi, en comparant l'état de ses usines à fer avec celui que nous avons essayé de faire connaître exactement, pour l'année 1826. Déjà les progrès qui ont été constatés, depuis l'année 1819, autorisent cette espérance; elle sera confirmée par le Gouvernement d'un Roi qui veut assurer à la France tous les genres de prospérité.

TABLE DES MATIÈRES.

www.ingramcontent.com/pod-product-compliance
Ingram Content Group UK Ltd.
Pitfield, Milton Keynes, MK11 3LW, UK
UKHW021907260726
13966UKWH00006B/1056